中国职业技术教育学会科研项目优秀成果

The Excellent Achievements in Scientific Research Project of The Chinese Society Vocational and Technical Education

高等职业教育"双证课程"培养方案规划教材·机电基础课程系列

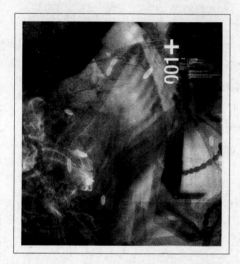

机械加工方法与设备

高等职业技术教育研究会 审定

牛荣华 主编

宋昀 副主编

Mechanical Machining Process & Equipment

人民邮电出版社

北京

图书在版编目（CIP）数据

机械加工方法与设备 / 牛荣华主编.—北京：人民邮电
出版社，2009.4
中国职业技术教育学会科研项目优秀成果. 高等职业
教育"双证课程"培养方案规划教材·机电基础课程系列
ISBN 978-7-115-19718-4

Ⅰ. 机… Ⅱ. 牛… Ⅲ.①机械加工－工艺工艺－高等学
校：技术学校－教材②机械加工－机械设备－高等学校：
技术学校－教材 Ⅳ. TG5

中国版本图书馆CIP数据核字（2009）第020933号

内 容 提 要

　　本书介绍机械加工方法和加工设备的特点、结构及应用。全书共分 10 章，主要介绍各种机械加工方法的特点、应用，以及相应的普通机械加工设备和数控加工设备的特点、传动系统、典型结构，还包括机床的精度、机床维护及安全文明生产等内容，每章后有小结和习题，以便于教师教学和帮助学生巩固所学，掌握重点。附录中还提出了各章的教学建议，供教师教学时参考。

　　本书可作为高职高专、成人高校机械类各专业的教材，也可作为相关技术人员和操作人员的培训教材。

中国职业技术教育学会科研项目优秀成果

高等职业教育"双证课程"培养方案规划教材·机电基础课程系列

机械加工方法与设备

◆ 审　　定　高等职业技术教育研究会
　　主　　编　牛荣华
　　副主编　宋　昀
　　责任编辑　李育民

◆ 人民邮电出版社出版发行　　北京市崇文区夕照寺街 14 号
　　邮编　100061　电子函件　315@ptpress.com.cn
　　网址　http://www.ptpress.com.cn
　　北京昌平百善印刷厂印刷

◆ 开本：787×1092　1/16
　　印张：12.25
　　字数：301 千字　　　　　　　　　　2009 年 4 月第 1 版
　　印数：1－3 000 册　　　　　　　　2009 年 4 月北京第 1 次印刷

ISBN 978-7-115-19718-4/TN

定价：22.00 元

读者服务热线：(010)67170985　印装质量热线：(010)67129223
反盗版热线：(010)67171154

职业教育与职业资格证书推进策略与
"双证课程"的研究与实践课题组

组　长：

俞克新

副组长：

李维利　张宝忠　许　远　潘春燕

成　员：

林　平　周　虹　钟　健　赵　宇　李秀忠　冯建东　散晓燕　安宗权
黄军辉　赵　波　邓晓阳　牛宝林　吴新佳　韩志国　周明虎　顾　晔
　　　　　　　　　　　　　　　　吴晓苏　赵慧君　潘新文　李育民

课题鉴定专家：

李怀康　邓泽民　吕景泉　陈　敏　于洪文

高等职业教育"双证课程"培养方案规划
教材·机电基础课程系列编委会

职业教育是现代国民教育体系的重要组成部分，在实施科教兴国战略和人才强国战略中具有特殊的重要地位。党中央、国务院高度重视发展职业教育，提出要全面贯彻党的教育方针，以服务为宗旨，以就业为导向，走产学结合的发展道路，为社会主义现代化建设培养千百万高素质技能型专门人才。因此，以就业为导向是我国职业教育今后发展的主旋律。推行"双证制度"是落实职业教育"就业导向"的一个重要措施，教育部《关于全面提高高等职业教育教学质量的若干意见》（教高〔2006〕16号）中也明确提出，要推行"双证书"制度，强化学生职业能力的培养，使有职业资格证书专业的毕业生取得"双证书"。但是，由于基于"双证书"的专业解决方案、课程资源匮乏，"双证课程"不能融入教学计划，或者现有的教学计划还不能按照职业能力形成系统化的课程，因此，"双证书"制度的推行遇到了一定的困难。

为配合各高职院校积极实施"双证书"制度工作，推进示范校建设，中国高等职业技术教育研究会和人民邮电出版社在广泛调研的基础上，联合向中国职业技术教育学会申报了职业教育与职业资格证书推进策略与"双证课程"的研究与实践课题（中国职业技术教育学会科研规划项目，立项编号225753）。此课题拟将职业教育的专业人才培养方案与职业资格认证紧密结合起来，使每个专业课程设置嵌入一个对应的证书，拟为一般高职院校提供一个可以参照的"双证课程"专业人才培养方案。该课题研究的对象包括数控加工操作、数控设备维修、模具设计与制造、机电一体化技术、汽车制造与装配技术、汽车检测与维修技术等多个专业。

该课题由教育部的权威专家牵头，邀请了中国职教界、人力资源和社会保障部及有关行业的专家，以及全国50多所高职高专机电类专业教学改革领先的学校，一起进行课题研究，目前已召开多次研讨会，将课题涉及的每个专业的人才培养方案按照"专业人才定位—对应职业资格证书—职业标准解读与工作过程分析—专业核心技能—专业人才培养方案—课程开发方案"的过程开发。即首先对各专业的工作岗位进行分析和分类，按照相应岗位职业资格证书的要求提取典型工作任务、典型产品或服务，进而分析得出专业核心技能、岗位核心技能，再将这些核心技能进行分解，进而推出各专业的专业核心课程与双证课程，最后开发出各专业的人才培养方案。

根据以上研究成果，课题组对专业课程对应的教材也做了全面系统的研究，拟开发的教材具有以下鲜明特色。

1. 注重专业整体策划。本套教材是根据课题的研究成果——专业人才培养方案开发的，每个专业各门课程的教材内容既相互独立，又有机衔接，整套教材具有一定的系统性与完整性。

2. 融通学历证书与职业资格证书。本套教材将各专业对应的职业资格证书的知识和能力要求都嵌入到各双证教材中，使学生在获得学历文凭的同时获得相关的国家职业资格证书。

3. 紧密结合当前教学改革趋势。本套教材紧扣教学改革的最新趋势，专业核心课程、"双证课程"按照工作过程导向及项目教学的思路编写，较好地满足了当前各高职高专院校的需求。

为方便教学，我们免费为选用本套教材的老师提供相关专业的整体教学方案及相关教学资源。

经过近两年的课题研究与探索，本套教材终于正式出版了，我们希望通过本套教材，为各高职高专院校提供一个可实施的基于双证书的专业教学方案，也热切盼望各位关心高等职业教育的读者能够对本套教材的不当之处给予批评指正，提出修改意见，并积极与我们联系，共同探讨教学改革和教材编写等相关问题。来信请发至 panchunyan@ptpress.com.cn。

前 言

本书结合高等职业教育培养实用型高技能人才的要求，以培养学生职业能力为编写宗旨，合理控制理论知识的广度和深度，突出应用性和综合性。

本书特点是将机械加工方法和机械加工设备的相关内容融为一体，有机结合，并覆盖普通金属切削机床和数控机床两大类设备，便于学生学习相关知识，掌握加工方法的确定、加工设备的选择，培养学生的专业应用能力。

本书内容涉及面较广，介绍了各种机械加工方法的特点、应用以及相应的普通机械加工设备和数控加工设备的特点、传动系统、典型结构等内容，并突出职业教育的特点，按"够用为度"的原则，力求内容介绍简明扼要、注重实用。

本书介绍的机械加工设备种类覆盖面大，涉及金属切削加工中最常用的设备，如普通车床、铣床、钻床、镗床、刨床、磨床、齿轮加工机床及数控车床、数控铣床、加工中心等，且所选设备案例的型号具有广泛的使用性，用以满足各学校不同的教学重点和学生适应岗位群的要求。

本书还从使用者的角度出发，介绍了机床的精度、维护及安全文明生产等知识。

本书的参考学时为 64 学时，其中实践环节为 16 学时，各章的参考学时参见下面的学时分配表。

章 节	课程内容	学时分配	
		讲 授	实 训
第1章	机械加工方法与设备基本知识	4	2
第2章	车削加工	6	2
第3章	铣削加工	5	2
第4章	钻削与镗削加工	5	2
第5章	刨削与磨削加工	6	2
第6章	齿轮加工	5	2
第7章	数控车削加工	5	2
第8章	数控铣削加工	5	2
第9章	加工中心	4	
第10章	机床使用的基本知识	3	
课 时 总 计		48	16

本书由牛荣华任主编，宋昀任副主编。具体编写分工如下：第 1、2、4、5、6、7、10 章由牛荣华编写；第 3、8、9 章由宋昀编写。

在本书的编写过程中，得到了李荫、武文力、运文强、郝晟峰、李玉兰、吴燕、周俊、林洪、肖文君、王文燕等的指导和帮助，在此一并表示感谢。

由于编者水平有限，加之时间仓促，书中难免有错误和不妥之处，恳请广大读者批评指正。

编者

2009 年 2 月

目　录

第1章

机械加工方法与设备基本知识

【学习目标】

1. 了解机械制造过程和机械加工方法
2. 了解金属切削机床运动及切削用量的知识
3. 了解金属切削机床的传动原理
4. 了解金属切削机床常用传动机构及应用
5. 了解金属切削机床分类与型号编制

1.1 机械制造过程及方法

任何机电产品或部件都是由多个零件按照一定的技术要求制造和装配而成，零件是机电产品结构组成的最基本单元，所以零件的制造是机电产品生产中的重要环节。零件的加工质量、生产效率和加工成本直接影响整台机电产品的性能、生产周期和制造成本。而这些又与选用正确的加工方法、合理使用加工设备密切相关，这就是本书重点讨论机械加工方法和机械加工设备的原因。各种机电产品的用途和零件的结构差别虽然很大，但它们的生产制造过程却有着很多共同之处。

1.1.1 生产过程

在机电产品的生产中，生产过程是指将原材料变为成品之间各个相互关联的劳动过程的总和。它包括从原材料到成品所经过的机械制造、涂漆、运输、保管等所有的过程，以及开发设计、计划管理、经营决策等所有的生产活动。

一件机电产品的生产过程，往往是由许多工厂联合起来完成的。由若干个工厂共同完成一件机电产品，可以使各个工厂按其产品的不同而进行专业化生产。例如，电机厂、轴承厂、齿轮厂等。这样不仅可以保证零件的质量，而且还可以降低零件的成本。这时，某工厂所用的原材料、半成品或部件，却是另一些工厂的成品。

一家工厂的生产过程，又可按车间分为若干车间的生产过程。某车间所用的原材料（半成品），可能是另一车间的成品，而它的成品，又可能是某一个车间的半成品。

1.1.2　机械制造过程

机械制造过程是指把金属材料制造成机电产品的过程。即在生产过程中，改变生产对象（原材料、毛坯、零件或部件等）的形状、尺寸、相对位置和性能等，并装配成为成品或半成品的过程，如图 1-1 所示。

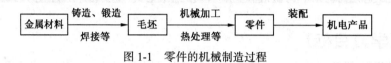

图 1-1　零件的机械制造过程

机械制造过程一般包括 4 个过程：毛坯制造过程，机械加工过程，热处理过程，装配过程。

1.1.3　机械加工过程

机械加工过程是指在机械制造过程中，直接用刀具在毛坯上切除多余金属层厚度，使之获得符合图纸要求的尺寸精度、形状和相互位置精度、表面质量等技术要求的零件的过程。

这是零件制造过程中最重要的过程。大多数组成机电产品的零件都是要通过机械加工的方法得到。

1.1.4　机械加工方法

要获得符合零件图纸要求的尺寸精度、形状和相互位置精度、表面质量等技术要求的零件，一般都要用机械加工的方法。

机械加工方法是指利用刀具和工件做相对运动，从工件上切除多余的材料，获得符合尺寸精度、形状和位置精度以及表面质量要求的零件的加工方法，也常称为金属切削加工。

机械加工的方法很多，主要有：车削、铣削、钻削、镗削、刨削、磨削、齿轮加工和数控加工等，各种加工方法的加工（工艺）范围是不同的，其主要加工范围见表 1-1。

表 1-1　　　　　　　　　　常用机械加工方法的主要加工范围

方法	车削	铣削	刨削	钻削	镗削	磨削	齿轮加工	数控加工
加工形状	回转面	平面	较大平面	内回转面	较大内回转面	精加工各种表面	渐开线齿形	加工形状复杂精度高的表面
工程用语	轴类零件	平面	较大平面	孔	大直径孔	零件的精加工	渐开线轮齿	加工形状复杂精度高的零件

续表

方法	车削	铣削	刨削	钻削	镗削	磨削	齿轮加工	数控加工
刀具	车刀	铣刀	刨刀	钻头	镗刀	砂轮	齿轮加工刀具	数控刀具
设备	车床	铣床	刨床	钻床	镗床	磨床	齿轮加工机床	数控机床

1.2 机械加工设备

任何一种机电产品，因其功能不同，其组成零件的结构复杂程度以及对零件的技术要求也就不同，从而需要多种加工方法。而多种加工方法是通过机械加工设备也就是人们常说的金属切削机床来实施的。如车削加工方法中使用的机械加工设备是车床，铣削加工方法中使用的设备是铣床等，还有刨床、磨床、钻床、齿轮加工机床和各种数控加工机床等金属切削机床，见表 1-1，以下简称为机床。

机床主要是用于加工金属零件，使之获得所要求的尺寸精度、几何形状和相互位置精度、表面质量的机器。因为它是制造机器的机器，所以也称金属切削机床为"工作母机"。

机床工业为各种类型的机械制造厂提供先进的制造技术和优质高效的机床设备，促进机械制造业生产能力的发展和工艺水平的提高。机械制造业是国民经济各部门赖以发展的基础，而机床工业则是机械制造业的基础。一个国家机床工业的技术水平标志着这个国家的工业生产能力和科学技术水平。因此，机床在国民经济现代化建设中起着重大作用。

1.2.1 金属切削机床的运动

机械加工方法的实施通常是要通过切削运动来实现的。所谓切削运动是通过机床上安装的刀具与工件的相对运动，从工件毛坯上切除多余金属，获得符合图纸要求的尺寸精度、几何形状和相互位置精度、表面质量的工件的过程。因此，机械加工过程也是工件表面的成形过程。

1. 零件表面的成形运动及成形方法

（1）零件表面的成形运动

机械零件的表面形状千变万化，但大都是由几种常见的表面组合而成的。这些表面包括平面、圆柱面、圆锥面、球面、螺旋面以及成形曲面等，常见零件表面类型如图 1-2 所示。

这些表面都可以看成是由一根母线沿着导线运动而形成的，如图 1-2 所示。母线和导线统称为发生线。

（2）常见工件表面的成形方法

机械加工中，工件表面的形成是由工件与刀具之间的相对运动和刀具切削刃的形状共同实现的。

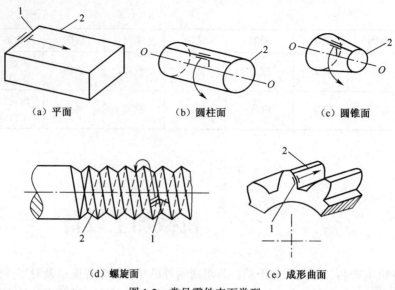

（a）平面　　　　　（b）圆柱面　　　　　（c）圆锥面

（d）螺旋面　　　　　　　　（e）成形曲面

图1-2　常见零件表面类型

1—母线　2—导线

从工件表面的成形原理划分加工方法有4大类：轨迹法、成形法、相切法、展成法。如图1-3所示。

轨迹法：指的是刀具切削刃与工件表面之间为点接触，通过刀具与工件之间的相对运动，由刀具刀尖的运动轨迹来实现表面的成形。如图1-3（a）所示。

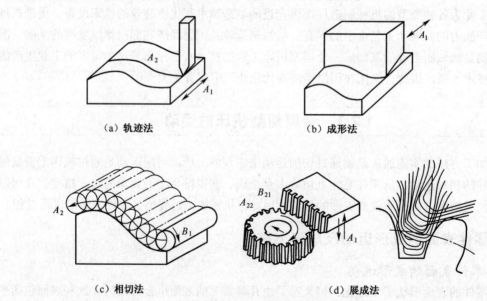

（a）轨迹法　　　　　　　　（b）成形法

（c）相切法　　　　　　　　（d）展成法

图1-3　常见工件表面的成形方法

成形法：是指刀具切削刃与工件表面之间为线接触，切削刃的形状与形成工件表面的一条发生线完全相同，另一条发生线由刀具与工件的相对运动来实现。如图1-3（b）所示。

相切法：是利用刀具边旋转边做轨迹运动来对工件进行加工的方法。如图1-3（c）所示。

展成法（范成法）：是指对各种齿形表面进行加工时，刀具的切削刃与工件表面之间为线接触，刀具与工件之间做展成运动（或称啮合运动），齿形表面的母线是切削刃各瞬时位置的包络线。如图 1-3（d）所示。

2. 成形运动

所谓的成形是指为了获得符合零件图纸要求的尺寸、形状和位置精度、表面粗糙度等技术要求的零件，工件和刀具之间必须具有的相对运动。通常也称为是机床的切削运动。

成形运动主要包括：主运动和进给运动两类。

（1）主运动

主运动是切除工件上的被切削层，使之变为切屑的主要运动，是使工件与刀具产生相对运动以进行切削的最基本运动。主运动的速度最高，消耗的功率最大。在切削运动中，主运动只有一个。它可以由工件完成，也可以由刀具完成。可以是旋转运动，也可以是直线运动。例如，车削时工件的旋转运动，铣削和钻削时刀具的旋转运动，龙门刨床刨削时工件的直线往复运动，牛头刨床刨刀的直线往复运动，磨削时砂轮的转动等都是切削加工时的主运动。如图 1-4 所示 v。任何一种加工方法，必定有一个且唯一的主运动。

仅有主运动是远远不够的，只能切除毛坯的部分金属层材料，要使新的金属层连续不断地投入切削，还需要进给运动的配合。

（2）进给运动

进给运动是不断地把被切削层投入切削，逐渐加工出整个工件表面的运动。也就是说，没有这个运动，就不能连续切削。进给运动的速度较低，消耗的功率也较小。可由一个或多个运动组成。可以是连续的，也可以是间断的。例如，车削时车刀的运动，铣削时工件的运动，刨削时工件的运动等，如图 1-4 所示。

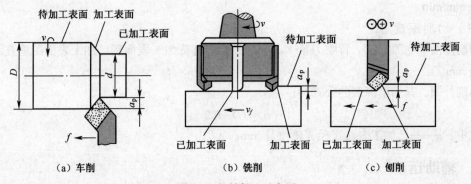

（a）车削 （b）铣削 （c）刨削

图 1-4　机械加工示意图

任何一种加工方法，可以有一个进给运动，也可以有多个进给运动，有的加工方法也可以只有主运动而没有进给运动，如拉削加工。

主运动和进给运动的适当配合，可对毛坯不同的表面进行加工，如车削外圆，铣、刨削平面，钻削孔等。

在切削过程中，工件上形成 3 个表面，如图 1-4 所示。待加工表面，即将被切夫的金属层的表面。加工表面，即刀刃正在切削的表面。已加工表面，即已切除多余金属层后形成的新表面。

3. 切削用量

切削用量包括切削速度 v、进给速度 f 和切削深度 a_p，如图 1-4 所示。通常人们称切削用

量 v、f、a_p 为切削用量三要素。它是衡量切削运动的参数，其对加工质量、生产率、加工成本有直接的重要影响。下面对切削用量三要素加以说明。

（1）切削速度 v

车削加工，工件的旋转运动为主运动，其切削速度用工件旋转的线速度表示，单位为 m/min。

切削速度的公式为：

$$v=\pi Dn/1000$$

式中：D——待加工表面直径，单位是 mm；

n——工件的转速，单位是 r/min。

刨削加工，直线往复运动为主运动。其切削速度用直线往复运动的平均速度表示，单位是 m/min。

切削速度的公式为：

$$v=2Ln/1000$$

式中：L——单向往复运动的长度，单位是 mm；

n——刨刀每分钟往复次数，单位是往复行程次数/min。

（2）进给量 f

进给量 f 是指在主运动的一个循环内或单位时间内，刀具和工件沿进给运动方向的相对位移量。

如用单齿刀具的车刀加工时，进给量为工件每转一转车刀沿进给方向的移动距离，称为每转进给量，单位是 mm/r；刨刀加工时，进给量为每一次刨刀或工件在进给运动方向所移动的距离，称为每行程进给量，单位是 mm/往复行程次数。

如用多齿刀具（如铣刀）加工时，可用进给运动的瞬时速度即进给速度来表述，用 v_f 表示，单位为 mm/min。

（3）切削深度 a_p

切削深度（吃刀深度，背吃刀量）a_p 一般是指工件待加工表面到已加工表面的垂直距离，单位是 mm。

车削外圆，其切削深度的公式为：

$$a_p = (D-d)/2$$

式中：d——已加工表面直径，单位是 mm。

4．辅助运动

零件的表面成形运动只能使被加工表面得到一个轮廓形状，若要得到符合图纸要求的尺寸精度和表面质量，机床就需要多次重复表面成形运动。为此，机床还需要一系列辅助运动，如刀具退离工件、刀具接近工件、快速退回起始位置等运动。另外，还有多工位工作台和多工位刀架的周期性转位和分度运动等。总之，机床上除了表面成形运动外的所有运动，都是辅助运动。

5．运动方向

在描述一台机床的运动方向时，一般是这样认定的，对普通机床而言，常用纵向、横向和垂向表示运动方向。例如，卧式车床的纵向运动是指沿主轴轴线方向的运动，横向运动是指沿垂直于主轴轴线的径向方向的运动。对数控机床而言，为方便加工程序的编制和使用，机床运动部件的运动是用坐标方向来表示的。例如，数控车床的 z 轴的运动是指沿主轴轴线方向的运动，x 轴的运动是指沿垂直于主轴轴线的径向方向的运动，如图 1-5 所示。

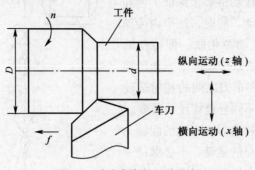

图 1-5　卧式车床的运动方向

1.2.2　金属切削机床的传动

1. 传动链

在零件的机械加工过程中，机床的各种运动都是要通过相应的传动链来实现的。所谓的传动链是指由运动源、传动装置和执行件按一定的规律所组成的传动联系。

运动源是指给执行件提供运动和动力的装置，电动机是机床的运动源。

传动装置是指传递运动和动力的装置，通过它把运动源的运动和动力传给执行件。同时该装置还可完成变速、变向、改变运动形式等任务，使执行件获得所需要的运动速度、运动方向和运动形式。目前，普通机床传动装置的传动件较多，传动系统较复杂。数控机床的传动装置较简单。传动装置一般有机械、液压和电气传动等 3 种方式。

执行件是直接执行机床运动的部件。如机床的刀架、工作台和主轴等。工件或刀具装夹于执行件上，并由其带动按正确的运动轨迹完成一定的运动。

2. 传动原理图

为了便于说明机床的传动联系，常常用一些简单的符号把传动原理和传动路线用图示的方法表示出来，这类图就叫做传动原理图。传动原理图中常用的一些符号如图 1-6 所示。对各类执行件一般采用较直观的简单图形来表示。

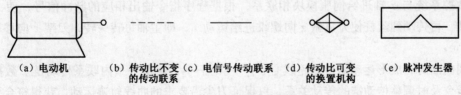

（a）电动机　　（b）传动比不变（c）电信号传动联系（d）传动比可变（e）脉冲发生器
　　　　　　　　的传动联系　　　　　　　　　的换置机构

图 1-6　传动原理图中常用符号

（1）普通机床传动

在卧式车床上车削圆柱螺纹时，需要工件和刀具之间进行相对螺旋运动，即工件旋转一周，车刀纵向移动工件螺纹的一个导程的距离。这个运动可分解为两部分：工件的旋转 n 和车刀的纵向移动 f。卧式车床车削螺纹的传动原理如图 1-7 所示，实现这个运动的传动链是"4—5—

u_f—6—7"，这是成形运动的内部传动链，称为内联系传动链。这条内联系传动链必须保证工件和刀具间准确的螺旋成形运动。同时，这个内传动链还应有个外传动链与运动源相联，即传动链"1—2—u_v—3—4"。在内联系传动链中，利用换置机构 u_f 可以改变工件和车刀之间的相对运动和相对速度，以适应车削不同导程螺纹的需要。

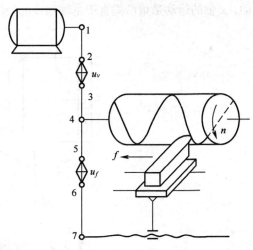

图 1-7　卧式车床的传动原理图

在卧式车床上车削圆柱面时，主轴的旋转 n 和刀具的移动 f 是两个独立的运动，不必保持一定的比例关系，所以这两个运动可以有两个各自的外传动链与动力源相连。

（2）数控机床传动

数控机床的传动原理与普通机床的传动原理原则上相同，但传动链的变速方式不同。如图 1-8 所示为数控车床的传动原理图，各传动链都由数控系统按加工程序指令统一协调控制。

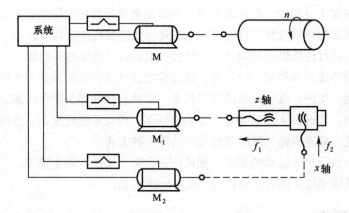

图 1-8　数控车床传动原理图

车削圆柱面时，n 和 f_1 是两个独立的运动，系统通过主运动伺服模块和 z 轴进给伺服模块可分别调整主轴转速 n 和进给量 f_1。

车削螺纹时，主电机脉冲编码器通过机械传动与主轴相联系，主轴每一转发出 n 个脉冲。主轴经数控系统与 z 轴进给伺服模块相联系，根据程序指令输出相应的脉冲信号，使 z 轴电动机运转，再传动到丝杠使刀具做 z 向螺纹进给运动 f_1，即主轴每转一转，刀架 z 向移动一个导程。

车削曲面时，成形运动的传动路线是：f_1—系统—f_2，这是一条内联系传动链。数控系统按插补指令及时调整传动链的传动关系，以保证刀尖沿要求的曲线轨迹运动，获得符合要求的表面形状。

3. 传动系统及表达

传动系统是指在实现一台机床加工过程中，全部成形运动和辅助运动的所有传动链的总和。机床有多少个运动就有多少条传动链，根据每一执行件完成运动的作用不同，各传动链相应被称为主运动传动链、辅助运动传动链等。

传动系统的表达通常是用国家标准规定的简单符号表示一台机床的传动系统，其图形称为机床的传动系统图，图 2-11 为 CA6140 型卧式车床传动系统图。

转速分布图也是表达机床传动系统、分析传动链的重要工具，其图形如图 1-9 所示。转速图中，一组等距垂直平行线代表从电动机到主轴的各根轴；距离相等的横向平行线表示由高到低的各级转速；小圆点表示各轴获得的转速；两轴间转速点的连线表示传动副，数字是传动副的齿数或尺寸。在转速图上可以直观看到轴Ⅳ的每一级转速是如何传动的，以及各变速组之间的内在联系。

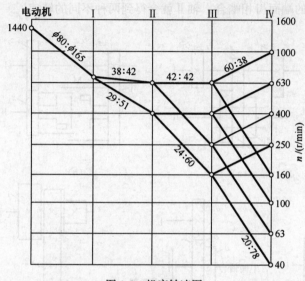

图 1-9　机床转速图

如图 1-9 中所示，有 4 根传动轴，电动机转速为 1 440 r/min，经过带轮和齿轮变速机构，Ⅳ轴获得 8 级转速，其转速为 40～1 000 r/min，各级转速传动链如图 1-9 所示。

1.2.3　金属切削机床常用传动机构

传动装置是机床传动链的重要组成部分，机床需要的各种运动都是通过传动装置把运动源和执行件联系在一起，用以实现所需要的运动速度、运动方向和运动的配合。传动装置一般有机械、液（气）压和电气传动等 3 种形式。本书仅介绍机械传动装置。

1. 变速传动机构

为适应不同的加工需要，在机械加工过程中，就需要机床具有不同的加工速度。机床的变速分为无级变速传动和有级变速传动两种形式。一般无级变速传动多为液压、电气所控制，而有级变速传动多为机械变速传动机构。数控机床以调速电动机变速为主，普通机床多采用机械的变速机构来实现分级变速。常用的分级变速机构有滑移齿轮变速机构、离合器变速机构、挂轮变速机构等。

（1）滑移齿轮变速机构

图 1-10（a）所示为一个三联滑移齿轮变速机构。轴Ⅰ上装有 3 个固定齿轮 z_1、z_2 和 z_3，轴Ⅱ上通过花键装有一个三联滑移齿轮，当三联滑移齿轮分别处于对应的固定齿轮 z_1、z_2 和 z_3 啮

合的左、中、右 3 个不同位置时，就将轴 I 的一种转速变为轴 II 的 3 种转速，达到了变速的目的。机床上还常见到双联和多联滑移齿轮变速机构。

滑移齿轮变速机构的特点是结构紧凑、传动效率高、变速方便、传递动力大等，但不能在运转过程中变速。

（2）离合器变速机构

图 1-10（b）所示为一个端面齿离合器变速机构。轴 I 上装有两个固定齿轮 z_1 和 z_2，它们分别与空套在轴 II 上的齿轮 z_1' 和 z_2' 相啮合，端面齿离合器 M 用花键与轴 II 相连接，由于两对齿轮啮合的传动比不同，所以轴 I 只有一种转速时，则离合器 M 向左或向右移动，分别与轴 II 上的齿轮 z_1' 或 z_2' 的端面齿相啮合，轴 II 就会得到两种不同的转速。

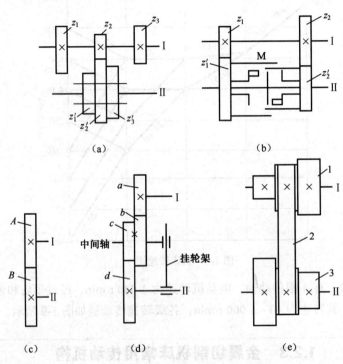

图 1-10　常用分级变速机构

1、3—带轮　2—传动带　M—离合器

离合器变速机构操纵方便，变速时不用移动齿轮，常用于螺旋齿圆柱齿轮变速，以提高传动平稳性。若将端面齿离合器换成摩擦片离合器，就能在运转中变速。离合器变速机构的各对齿轮常处于啮合状态，所以磨损较大，传动效率低。它主要用于重型机床及采用螺旋齿圆柱齿轮传动的传动机构及自动、半自动机床中。

（3）挂轮变速机构

挂轮变速机构是通过更换两轴之间的齿轮副，来改变其传动比，从而达到变速的目的。挂轮变速机构有采用一对挂轮和两对挂轮的两种机构。

图 1-10（c）所示为采用一对挂轮的变速机构。在轴 I 和轴 II 分别装有可装拆更换的齿轮 A 和齿轮 B，根据不同的传动比，选择并安装上不同齿数的齿轮，就可以变速。但要注意，因为两个轴的中心固定不变，故在齿轮模数不变的条件下，两个齿轮的齿数和应保持一定。这种

变速机构刚性较好，常用于主传动中。

图1-10（d）所示为采用两对挂轮的变速机构。在固定轴Ⅰ、轴Ⅱ分别装有齿轮a和d，齿轮b、c装在可通过挂轮架调整位置的中间轴上，两对齿轮可通过调整中间轴的位置从而得到正确的啮合。采用这种机构，可安装各种齿数的配换齿轮，获得准确的传动比。

挂轮变速机构结构简单、紧凑，但变速比较费时间。主要用于不需经常变速的自动、半自动机床。采用挂轮架结构，中间轴的刚性较差，所以这种挂轮变速机构只适合于进给运动。采用挂轮变速机构，可获得精确传动比，缩短了传动链，减少了传动误差。故常用于要求传动比准确的机床，如齿轮加工机床、丝杠车床等。

（4）带轮变速机构

图1-10（e）所示为一塔形带轮传动机构。在传动轴Ⅰ、轴Ⅱ上分别装有塔形带轮1和3。当轴Ⅰ的转速一定，只要改变传动带2的位置，就可以得到3种不同的带轮直径比，从而使轴Ⅱ得到3种不同的转速。

带轮变速机构可以采用平带传动、圆带传动、V带传动和同步齿形带传动等，如图1-11所示。前3种传动的特点是结构简单，运转平稳，但是变速不方便，尺寸较大，传动比不准确。主要用于台钻，内圆磨床等一些小型、高速的机床和一些简式机床。

图1-11（d）所示为一个同步带变速机构。同步带传动利用同步带上的轮齿与带轮上的轮齿依次啮合传动运动和动力，无相对滑动，平均传动比准确，传动精度高，传动效率高，可用于高速传动。同步带变速机构在数控机床上得到了广泛的应用。

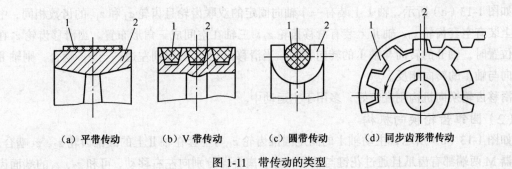

（a）平带传动　　（b）V带传动　　（c）圆带传动　　（d）同步齿形带传动

图1-11　带传动的类型

1—带　2—带轮

2. 滚珠丝杠螺母副传动机构

滚珠丝杠螺母副可将回转运动和直线运动相互转换，这种传动机构广泛应用于数控机床。它的结构特点是在具有螺旋槽的丝杠螺母中装上滚珠作为中间传动元件，减少了摩擦。图1-12所示为滚珠丝杠螺母副的原理图。丝杠和螺母上都加工有圆弧形的螺旋槽，两个圆弧形的螺旋槽对合形成螺旋线滚道。滚道内装有滚珠，当丝杠与螺母有相对运动时，滚珠沿滚道向前滚动，这样，丝杠和螺母之间即为滚动摩擦。为防止滚珠从螺母中滚出来，在螺母的螺旋槽两端设有回程引导装置，使滚珠能循环移动。

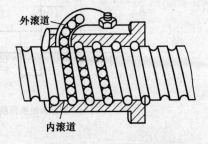

外滚道

内滚道

图1-12　滚珠丝杠螺母副原理图

此传动机构的优点是摩擦系数小，传动效率高，功率消耗小，灵敏度高，传动平稳，不易产生爬行，传动精度和定位精度高，磨损小使用寿命长，精度保持性好，运动具有可逆性。但是此传动机构的不足是制造工艺复杂、成本高、不能自锁等。

按滚珠丝杠螺母副的公称直径 d_0、导程 T 和螺旋升角 Φ 可将其进行分类为：

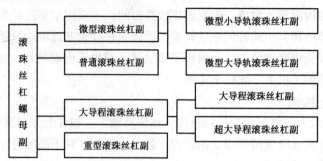

目前，滚珠丝杠螺母副的应用范围越来越广，其广泛应用于现代制造业中的数控机床、加工中心、工业机器人以及精密测试装置等。

3. 换向机构

换向机构是用来改变机床执行件的运动方向的，机床上常采用滑移齿轮或圆锥齿轮组成的换向机构。

（1）滑移齿轮换向机构

如图 1-13（a）所示，轴 I 上装有一个轴向固定的双联齿轮且齿轮 z_1 和 z_1' 的齿数相同，中间轴上装有空套齿轮 z_0，轴 II 上装有滑移齿轮 z_2，三轴在空间成三角形布置。当滑移齿轮 z_2 在图示位置时，轴 II 的转向与轴 I 的转向相同，当滑移齿轮 z_2 滑移到左边，与 z_1' 啮合，则轴 II 的转向与轴 I 的转向相反。

滑移齿轮换向机构刚度较好，多用于主运动中。

（2）圆锥齿轮换向机构

如图 1-13（b）所示，主动轴 I 的固定圆锥齿轮 z_1 与空套在轴 II 上的圆锥齿轮 z_2、z_3 啮合。离合器 M 两端都有齿爪且通过花键与轴 II 相连，离合器分别向左右移动，可和 z_2、z_3 的端面齿啮合，从而使轴 II 改变转动方向。

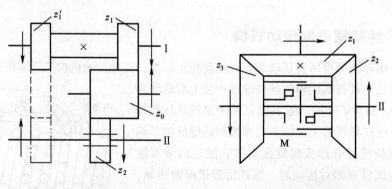

（a）滑移齿轮换向机构　　　　（b）圆锥齿轮换向机构

图 1-13　常用换向机构

M—离合器

圆锥齿轮换向机构刚度较差，多用于进给运动或其他辅助运动中。

1.2.4 金属切削机床分类与型号编制

1. 机床的类型

随着机械加工需求的不断增大，机床的种类日趋繁多，其结构和应用范围都有很大不同，所以机床的种类主要是根据机床的切削方式、结构特点及应用范围来区分的。

按基本的切削方式分为：车床、铣床、磨床、钻床、刨插床、镗床、拉床、锯床、齿轮加工机床、螺纹加工机床和其他机床等。机床的切削方式不同，所加工工件的表面形状也不同。

按通用化程度分为：通用机床、专门化机床、专用机床等。通用机床是指可加工多种工件，完成多道工序，使用范围较广的机床；专门化机床是指用于加工形状相似而尺寸不同的工件特定工序的机床；专用机床是指用于加工特定工件的特定工序的机床。

按加工精度不同分为：普通机床、精密机床、高精度机床。

按机床加工工件的大小和重量分为：仪表机床、中小型机床、大型机床、重型机床等。

按机床控制方式和控制系统分为：通用机床、仿形机床、程序控制机床（简称程控机床）、数字控制机床（简称数控机床）。

2. 机床的型号编制

金属切削机床的种类很多，为便于使用和管理，给每一种机床赋予一个型号，用于反映机床的类别和特性等。

机床的型号是一个代号。机床的型号是采用大写的汉语拼音字母和阿拉伯数字按一定规律组合排列的，用以表示机床的类型、主要技术参数、使用及结构特性等。

在国家标准的金属切削机床型号编制方法中，通用机床型号的表示方法如图 1-14 所示。

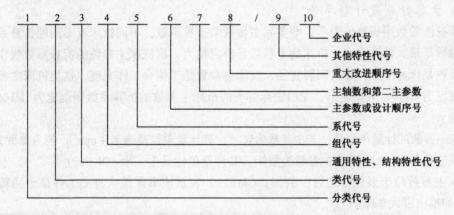

注：图中数字为位置顺序号

图 1-14 机床型号表示方法

（1）类别（字母）代号

在国家标准《金属切削机床型号编制方法》中把机床的类别划分为 11 大类，必要时，还可细分，如磨床还细分了 3 类。机床的类别代号见表 1-2。

表 1-2 机床类别和分类代号

类别	车床	钻床	镗床	磨床			齿轮加工机床	螺纹加工机床	铣床	刨插床	拉床	锯床	其他机床
代号	C	Z	T	M	2M	3M	Y	S	X	B	L	G	Q
参考读音	车	钻	镗	磨	2磨	3磨	牙	丝	铣	刨	拉	割	其

（2）通用特性、结构特性（字母）代号

如机床具有某种通用特性如表 1-3 所示，则可在类别代号后面加上相应的通用特性代号，如型号"CM------"表示精密车床，型号"CQ------"表示轻型车床等。

表 1-3 机床通用特性及代号

通用代号	高精度	精密	自动	半自动	数控	仿形	加工中心（自动换刀）	轻型	加重型	简式或经济型	柔性加工单元	数显	高速
代号	G	M	Z	B	K	F	H	Q	C	J	R	X	S
读音	高	密	自	半	控	仿	换	轻	重	简	柔	显	速

结构特性代号是指为区分主参数相同而性能不同的机床，用汉语拼音大写字母表示并写在通用特性代号之后。通用代号用过的字母以及 I、O 两个字母不能用于结构特性代号。

（3）组、系（数字）代号（必填项目）

每类机床分为 10 组，每组又分为 10 系。用 2 位阿拉伯数字表示，第 1 位表示组别，第 2 位表示系别。标注在通用特性代号、结构特性代号的后面。同类机床中，主要布局或使用范围基本相同的即为同一组机床，同一组机床中，其主参数相同、主要结构和布局形式相同的即为同一系机床。如型号"CM61------"表示精密车床类 6 组 1 系。6 组：落地及卧式车床；1 系：卧式车床。机床的组、系划分见附录 A。

（4）主参数或设计顺序号

机床的主参数用折算值表示，即实际主参数乘折算系数，不同机床有不同的折算系数。如钻床主参数是最大钻孔直径，拉床的主参数是额定拉力，则机床主参数的折算系数规定为 1；车床主参数是床身上工件最大回转直径，铣床主参数是工作台工作宽度，这类机床主参数的折算系数规定为 1/10；大型立车、龙门铣床等类的机床主参数的折算系数则规定为 1/100；其余详见附录 A。

机床主参数的计量单位是：若主参数为尺寸，其计量单位是毫米（mm）；若主参数为拉力，其计量单位是千牛（kN）；若主参数为扭矩，其计量单位是牛·米（N·m）。

机床主参数位于系代号之后，例如，CM6132 表示该车床是床身上工件最大回转直径为 320 mm 的精密卧式车床。

当某些通用机床无法用一个主参数表示时，就在主参数的后面加注设计顺序号表示。设计顺序号由 01 开始。

（5）主轴数和第二主参数

对于多轴机床而言，把实际主轴数标于主参数后面，用"×"号分开读作"乘"。

例如，C2150×6 表示：该车床是切削最大棒料直径为 50 mm 的 6 轴自动车床。

第二个主参数一般不予表示，如需特殊表示，应按一定手续审批。

（6）重大改进顺序号

当机床的性能有新要求，其结构按新产品重新设计、试制和鉴定后，在原机床型号后按 A、B、C 等字母顺序加入改进序号，以区别于原型号机床。

（7）其他特性代号

用以反映各类机床的特性。如对于数控机床可反映不同的控制系统等，而加工中心可用来反映控制系统、自动交换主轴头、自动交换工作台等。其他特性代号加于重大改进顺序代号之后，用汉语拼音字母或阿拉伯数字表示，并用"/"分开，读作"之"。

（8）企业代号

企业代号可表示机床生产厂或机床研究单位。用"—"与前面的代号分开，读作"至"。

综上所述，机床型号的表示方法总结如表 1-4 所示。

表 1-4　　　　　　　　　　　机床型号的表示方法总结

位置	1	2	3	4	5	6	7	8	/	9	10
内容	类别代号	类代号	通用特性、结构特性代号	组代号	系代号	主参数或设计顺序号	主轴数或第二主参数	重大改进顺序号	分隔符	其他特性代号	企业代号
表示形式	数字	字母	字母	数字	数字	数字	数字	数字		字母数字	字母数字
是否必标	否	是	否	是	是	是	否	否		否	否

由此可见，按照国家标准规定，一般最简单的机床型号应该是由 1 个汉语拼音字母和 4 个阿拉伯数字组成。

常用机床组、系列号及主参数详见附录。

3. 机床的技术规格

除了上面所说的机床主参数以外，国家根据机床的生产和使用情况，还规定了机床的主参数系列和第二主参数系列。如卧式车床的主参数是床身上工件最大回转直径，第二主参数是最大工件长度。例如，卧式车床床身上工件最大回转直径系列为 250 mm、320 mm、400 mm、500 mm、630 mm、800 mm、1 000 mm、1 250 mm。而对应床身上工件最大回转直径为 400 mm 的车床，其装夹最大工件的长度系列 750 mm、1 000 mm、1 500 mm 和 2 000 mm 4 种。

卧式车床除了以上所述的两个主参数系列以外，还有刀架上最大工件回转直径、主轴内孔直径、中心高、主轴转速范围、主轴孔前端锥度、刀架最大行程、进给量范围、加工螺纹范围、主电机功率等参数，共同构成卧式车床的技术规格。

机床的技术规格可以通过机床说明书，制造厂家的产品网页以及宣传样本查到。了解机床的技术规格对合理选购和选用机床，以及正确使用机床都有重要的意义。如当要加工长棒料工件时，要了解机床主轴内孔直径的大小；当要加工螺纹时，要知道机床的螺纹加工范围等。可见，为了正确地使用机床，了解机床的技术规格是必不可少的。

小 结

零件的功能不同，加工要求不同，加工方法就不同。所以每种加工方法的加工范围是不同的，见表1-1。

机械加工的实质是刀具和零件间按零件的要求做切削运动。每类机床都应有成形运动（主运动、进给运动）和辅助运动。成形运动中的切削用量三要素对零件质量、加工效率、加工成本均有影响。

通过机床的传动链实现机床的运动，一般机床传动链由运动源、传动装置和执行件按一定的规律组成。其中传动装置是实现不同运动的装置。

机床型号表明了机床种类和主要技术规格，不可小视，需认真对待。

习 题

1. 什么是机械制造过程，它都包含哪些过程？
2. 各种加工方法的主要加工范围是什么？
3. 金属切削机床都有哪些运动？根据在车间实习的认识，指出车床、铣床、镗床、磨床各有多少个运动，并说明哪些是主运动，哪些是进给运动？
4. 什么是切削用量三要素？
5. 机床的传动链都由哪几部分组成，各部分的作用是什么？
6. 各种常用传动机构都各有什么特点？
7. 解释下列机床型号的含义：CK7520、XK5040、C6140、X6132、Z3040。

第2章

车削加工

【学习目标】

1. 掌握车削加工方法和车削加工运动的概念
2. 了解车削加工范围和主要特点
3. 掌握 CA6140 型卧式车床的组成、传动原理
4. 了解 CA6140 型卧式车床的典型结构

2.1 车削加工方法及特点

2.1.1　车削加工方法

　　车削加工是将工件用卡盘固定在车床主轴上，将刀具安装在车床刀架上，通过工件的旋转与刀具的进给运动相配合，实现圆柱面或成形面加工的方法。车削是最基本的加工方法之一。车削中使用的加工刀具主要是车刀，使用的加工设备是车床。

2.1.2　车削加工范围

　　车削加工范围很广，使用车刀或其他刀具，在车床上可以车外圆、车端（平）面、切断或切沟槽、钻孔、镗孔、铰孔、车圆锥面、车螺纹和成形面等，如图 2-1 所示。

　　车削加工表面的形状取决于车刀刀尖的运动轨迹及刀刃的形状。例如，当车刀的刀尖轨迹与工件轴线共一平面的条件下，若刀尖轨迹是平行于工件轴线的直线，则车圆柱面如图 2-1（a）所示；若刀尖轨迹是垂直于工件轴线的直线，则车端面如图 2-1（b）所示；若刀尖轨迹与工件轴线成一定的角度，则车圆锥面如图 2-1（g）所示；若刀尖形状与螺纹牙形的形状相同，当工件每转一转时车刀移动 1 个导程，就可以车螺纹，如图 2-1（h）所示；若刀尖轨迹是一条曲线，

则可车各种曲面如图 2-1（i）所示；若车刀刀刃为曲线，车刀横向进给，就可车成形表面如图 2-2 所示。

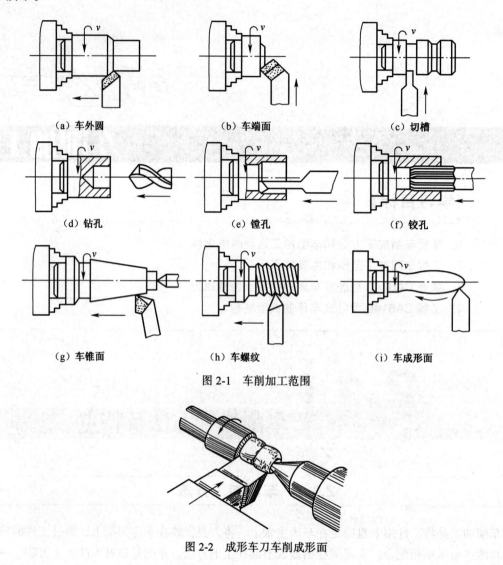

（a）车外圆 （b）车端面 （c）切槽

（d）钻孔 （e）镗孔 （f）铰孔

（g）车锥面 （h）车螺纹 （i）车成形面

图 2-1 车削加工范围

图 2-2 成形车刀车削成形面

2.1.3 车削加工运动

车削时，工件的旋转运动是主运动，车刀的纵向或横向移动是进给运动。

1. 车外圆

车外圆是最常见、最基本的一种车削方法。其刀具和工件的运动如图 2-1（a）所示。安装车刀时伸出刀架的部分要短，一般不超过刀柄厚度的 1~1.5 倍。车刀刀尖应与工件轴线等高，刀柄与工件轴线大致垂直，以免影响刀具的几何角度。工件安装常采用三爪自定心卡盘、四爪单动卡盘、两顶尖或一顶一卡装夹。

车外圆一般分为粗车、半精车、精车，所能达到的加工经济精度和表面粗糙度见表 2-1。

表 2-1 　　　　　　　　　　　车削加工经济精度及表面粗糙度

	加 工 性 质	加工经济精度（IT）	表面粗糙度 R_a（μm）
车外圆	粗车	13 ~ 11	50 ~ 12.5
	半精车	10 ~ 9	6.3 ~ 3.2
	精车	7 ~ 6	1.6 ~ 0.8
	金刚石车	6 ~ 5	0.8 ~ 0.02
车平面	粗车	11 ~ 10	10 ~ 5
	精车	9	10 ~ 2.5
	金刚石车	8 ~ 7	1.25 ~ 0.63

2. 车床上加工孔

在车床上可以使用钻头、扩孔钻、绞刀等定尺寸刀具加工孔如图 2-3 所示，也可以使用内孔车刀车孔，如图 2-4 所示。在车床上主要加工中小型轴类或盘套类零件中心位置的孔，并且应在一次装夹中加工外圆和端面，以便用机床精度保证加工表面间的相互位置精度。

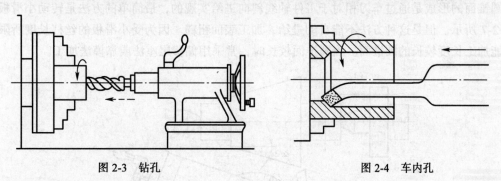

图 2-3　钻孔　　　　　　　　　　　　图 2-4　车内孔

3. 车端面与车台阶

车端面时常用卡盘装夹工件，其运动形式如图 2-5 所示。

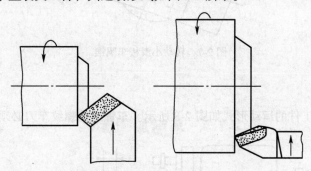

图 2-5　车端面

车台阶与车外圆相近，但需要兼顾外圆的尺寸和端面的位置。若台阶较小时，在车外圆的同时车出台阶端面；若台阶较大时，可以分层车削，然后按车端面的方法半整台阶端面。

4. 车槽与切断

车槽时刀具与工件的运动形式如图 2-6 所示。在车床上可以车外槽、内槽、端面槽。当加工宽度小于 5 mm 的窄槽时，可用切槽刀一次切成。当槽宽较大时，可多次车成。

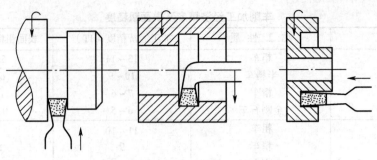

图 2-6　车槽

车槽的极限深度是切断。切断时刀具受工件和切屑的包围，散热条件差，排屑困难，且切断刀本身的刚度差，容易发生振动。显然，切断比车外圆和车槽难度都大。

5. 车圆锥面

圆锥面的形成是通过车刀相对于工件轴线斜向进给实现的，最简单的方法是转动小滑板，如图 2-7 所示。但是这种方法不能自动进给，加工表面粗糙。因为受小滑板的丝杠长度所限，故不能加工长度较长的圆锥面。当圆锥面较长时，常采用偏移尾座法或靠模法加工。

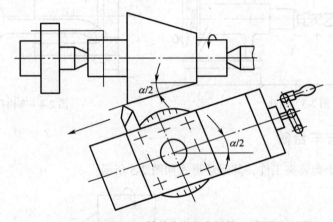

图 2-7　转动小滑板车圆锥

6. 车螺纹

车螺纹时刀具与工件的运动形式如图 2-8 所示。车螺纹的螺纹车刀必须磨成与螺纹的牙形

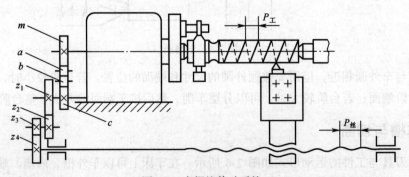

图 2-8　车螺纹传动系统

相同，且车刀的安装与工件轴线要有位置要求。车螺纹的过程中，要保证主轴每转一转刀具在丝杠的带动下准确地移动一个导程。主轴与丝杠之间的传动比通过主轴到丝杠之间的转动系统实现。

2.1.4 车削加工主要特点

① 每一种加工方法除了可以加工不同形状的表面外，且还可达到一定的加工经济精度。车削加工的经济精度及表面粗糙度参见表 2-1。

② 车刀为单刀刃刀具，结构简单，制造、刃磨和装拆都很方便，便于根据具体加工要求选用合理的几何形状，有利于保证加工质量，提高生产率和降低加工成本。

③ 因为车削的主运动是连续旋转运动，除粗车时因毛坯余量不均匀可能导致非连续切削外，一般均为连续切削，所以，车削的切削过程连续稳定，因此具备了高速切削和强力切削的条件。

④ 能对不易磨削加工的有色金属采用金刚石车刀进行精细车削，精度可达 IT6～IT5，表面粗糙度 $R_a \leq 0.8 \mu m$。

⑤ 车削塑性材料时，切屑往往连续不断，排屑、断屑不畅，影响切削加工的顺利进行，故在合理选择刀具的几何形状和切削用量时，也要考虑断屑问题。

2.2 | 车削加工设备

车削加工中所使用的加工设备是车床。车床的种类很多，主要有普通车床、六角车床、立式车床、自动及半自动车床和数控车床等。其中应用最多的是普通车床和数控车床。本节主要讲普通车床。各种普通车床的组成、传动及结构基本相同，下面就以 CA6140 型卧式车床为例说明。

2.2.1 CA6140 型卧式车床的组成

普通卧式车床的组成基本相同，都是由 7 大部分组成，如图 2-9 所示。

1. 床身

床身是机床的支承部件，用以支承和安装机床的各个部件，并保证各个部件间具有正确的相对位置和相对运动。

2. 主轴箱

主轴箱安装在床身的左上部，箱内装有主轴部件和主运动变速机构。调整变速机构，可以得到不同的主轴转速。主轴的前端可以安装卡盘或顶尖等，以装夹工件实现主运动。

3. 进给箱

进给箱安装在床身的左前侧，箱内装有进给运动变速机构。主轴箱的运动经过挂轮变速机构将运动传给进给箱。进给箱通过光杠或丝杠将运动传给溜板箱。

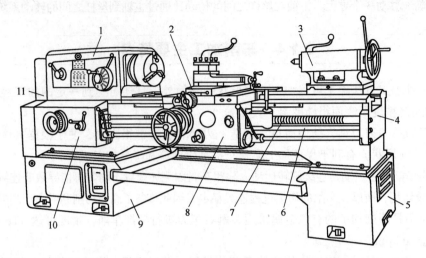

图 2-9　CA6140 型卧式车床外形图

1—主轴箱　2—刀架　3—尾座　4—床身　5—右床腿　6—光杠　7—丝杠

8—溜板箱　9—左床腿　10—进给箱　11—挂轮变速机构

4. 溜板箱

溜板箱安装在刀架底部。通过光杠或丝杠接受进给箱传来的运动，并将运动传给刀架，实现进给运动或车螺纹运动。

5. 刀架部件

刀架安装在刀架导轨上，由小溜板、中溜板、大溜板（床鞍）、方刀架等组成。可通过手动或机动实现刀具的纵向、横向或斜向进给运动。

6. 尾座

尾座一般安装在床身的右上部，并可根据加工要求沿床身上的纵向导轨调整其位置，用以支承不同长度的工件。

7. 光杠和丝杠

光杠和丝杠安装在床身的中部，是把进给运动从进给箱传到溜板箱，带动刀架运动。丝杠只是在车削各种螺纹时起作用，注意光杠和丝杠不能同时工作。

总之，普通卧式车床可以由三箱（主轴箱、进给箱、溜板箱）、两杠（光杠和丝杠）、三个一（1 个床身、1 个刀架和 1 个尾座）等组成。

2.2.2　CA6140 型卧式车床的技术参数

CA6140 型卧式车床的主要技术参数见表 2-2。

表 2-2 　　　　　　　　CA6140 型卧式车床的主要技术参数

名　　称		技　术　参　数
工件最大直径	床身上（mm）	400
	刀架上（mm）	210
顶尖间最大距离（mm）		650、900、1400、1900
加工螺纹范围	公制螺纹（mm）	1~12（20 种）
	英制螺纹（tpi）	2~24（20 种）
	模数螺纹（mm）	0.25~3（11 种）
	径节螺纹（DP）	7~96（24 种）
主轴	通孔直径（mm）	48
	孔锥度	莫氏 $6^{\#}$
	正转转速级数	24
	正转转速范围（r/min）	10~1400
	反转转速级数	12
	反转转速范围（r/min）	14~1580
进给量	纵向级数	64
	纵向范围（mm/r）	0.028~6.33
	横向级数	64
	横向范围（mm/r）	0.014~3.16
溜板行程	纵向（mm）	650、900、1400、1900
	横向（mm）	320
刀架	最大行程（mm）	140
	最大回转角	±90°
	刀杆截面（mm×mm）	25×25
尾座	顶尖套最大移动量（mm）	150
	横向最大移动量（mm）	±10
	顶尖套锥度	莫氏 $5^{\#}$
电动机功率	主电动机（kW）	7.5
	总功率（kW）	7.84

2.2.3　CA6140 型卧式车床的传动

机床运动是通过传动系统实现的。在 1.2.2 金属切削机床的传动中详细分析了卧式车床的传动原理，卧式车床的各种运动可通过传动框图进一步表示出来，如图 2-10 所示。

卧式车床有 4 种运动，就有 4 条传动链，即主运动传动链、纵横向进给运动传动链、车螺纹传动链及刀架快速移动传动链。实现一台机床所有运动的传动链就组成了该机床的传动系统，如图 2-11 所示。

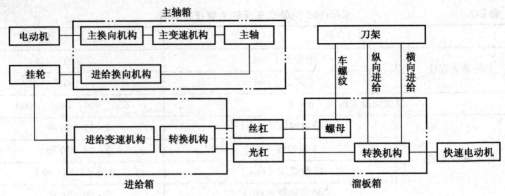

图 2-10　卧式车床传动框图

1. 主运动传动链

主运动传动链的功能是把动力源（电动机）的运动和动力传给主轴Ⅵ，使主轴带动工件旋转做主运动，同时满足车床主轴换向和变速的要求。

（1）传动路线

主运动传动链的两个端件是主电动机（7.5kW　1450r/min）和主轴Ⅵ。由图 2-11 可知，主运动从主电动机经$\phi130/\phi230$ 传动比的带传动，使轴Ⅰ获得 1 种转速。轴Ⅰ上装有一片式摩擦离合器 M_1，它可控制主轴的正转、反转及停车。离合器左合时，运动经轴Ⅰ左边齿轮与轴Ⅱ双联滑移齿轮啮合传到轴Ⅱ，传动比为 56/38、51/43，使轴Ⅱ获得 2 种正转转速。当离合器右边接合时，运动经轴Ⅰ右边齿轮、中间齿轮、轴Ⅱz_{30} 的齿轮传到轴Ⅱ，传动比为 50/34×34/30，轴Ⅱ获得 1 种反转转速。

轴Ⅱ的运动通过其上的 3 个固定齿轮与轴Ⅲ上的三联滑动齿轮分别啮合传到轴Ⅲ，传动比为 39/41、30/50、22/58，从而轴Ⅲ获得 6 种正转转速和 3 种反转转速。

轴Ⅲ到主轴Ⅵ的传动路线有两种。

① 高速传动路线：主轴上的滑移齿轮 z_{50} 移至左端，使之与轴Ⅲ上右端的齿轮 z_{63} 啮合。运动由轴Ⅲ经齿轮副 63/50，直接传给主轴，得到 450 ~ 1 400 r/min 的 6 种高转速。

② 低速传动路线：主轴上的滑移齿轮 z_{50} 移至右端，使主轴上的齿式离合器 M_2 啮合。轴Ⅲ的运动经齿轮副 20/80 或 50/50 传给轴Ⅳ，又经齿轮副 20/80 或 51/50 传给轴Ⅴ、再经齿轮副 26/58 和齿式离合器 M_2 传至主轴，使主轴获得 10 ~ 500 r/min 的低转速。

主运动传动路线表达式表示如下：

$$
\text{主电动机} - \frac{\phi130}{\phi230} - \text{I} - \begin{bmatrix} M_1(\text{左}) \\ (\text{正转}) \\[4pt] M_1(\text{右}) \\ (\text{反转}) \end{bmatrix} - \begin{bmatrix} \dfrac{56}{38} \\[4pt] \dfrac{51}{43} \\[4pt] \dfrac{50}{34} \times \dfrac{34}{30} \end{bmatrix} - \text{II} - \begin{bmatrix} \dfrac{39}{41} \\[4pt] \dfrac{30}{50} \\[4pt] \dfrac{22}{58} \end{bmatrix} -
$$

$$
\left(\begin{smallmatrix} 7.5\text{kW} \\ 1450\text{r/min} \end{smallmatrix}\right)
$$

$$
- \frac{63}{50}\ (M_2\ \text{左离}) -
$$

$$
\text{III} - \begin{bmatrix} \dfrac{20}{80} \\[4pt] \dfrac{50}{50} \end{bmatrix} - \text{IV} \begin{bmatrix} \dfrac{20}{80} \\[4pt] \dfrac{51}{50} \end{bmatrix} - \text{V} - \frac{26}{58}\ (M_2\ \text{右合}) - \text{VI}（\text{主轴}）
$$

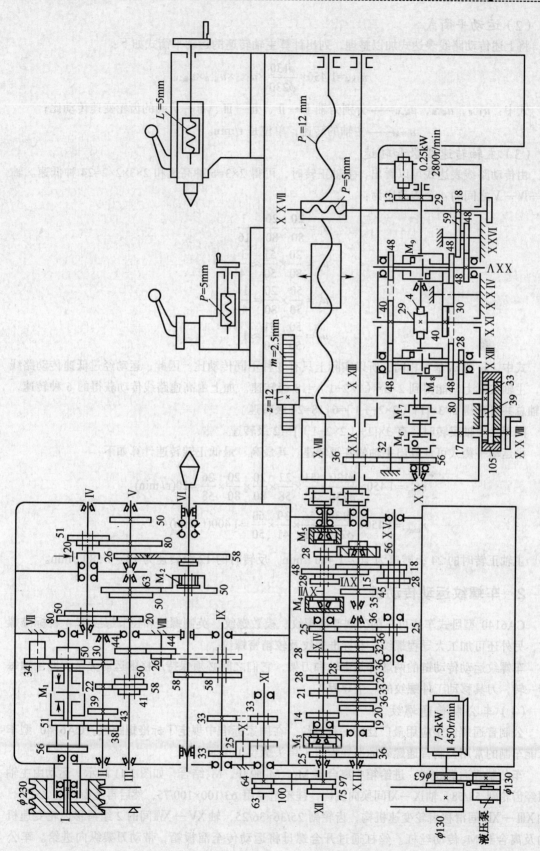

图 2-11 CA6140 型卧式车床传动系统图

（2）运动平衡式

将上述传动路线表达式加以整理，列出计算主轴转速的运动平衡式如下：

$$n_{主轴}=1\,450\times\frac{\phi130}{\phi230}\times u_{I-II}\times u_{II-III}\times u_{III-VI}$$

式中：u_{I-II}，u_{II-III}，u_{III-VI}——分别为轴 I—II、II—III、III—VI 间的齿轮变速传动比；

$n_{主轴}$——主轴的转速，单位是 r/min。

（3）主轴转速级数和转速

由传动路线表达式可以看出，主轴正转时，可得 2×3=6 种高速和 2×3×2×2=24 种低速。轴 III—IV—V 之间的 4 个传动比为：

$$u_1=\frac{20}{80}\times\frac{20}{80}=\frac{1}{16}$$

$$u_2=\frac{20}{80}\times\frac{51}{50}\approx\frac{1}{4}$$

$$u_3=\frac{50}{50}\times\frac{20}{80}=\frac{1}{4}$$

$$u_4=\frac{50}{50}\times\frac{51}{50}\approx1$$

式中，u_2 和 u_3 基本相同，所以实际上只有 3 种不同传动比。因此，运动经过低速传动路线时，主轴实际上只能得到 2×3×（2×2-1）=18 级转速。加上由高速路线传动获得的 6 种转速，主轴总共可获得 2×3×[1+（2×2-1）]=6+18=24 级转速。

同理，主轴反转时，有 3×[1+（2×2-1）]=12 级转速。

由运动平衡式可计算出主轴的各级转速。其最高、最低正转转速计算如下：

$$n_{min}=1\,450\times\frac{\phi130}{\phi230}\times\frac{51}{43}\times\frac{22}{58}\times\frac{20}{80}\times\frac{20}{80}\times\frac{26}{58}=10(r/min)$$

$$n_{max}=1\,450\times\frac{\phi130}{\phi230}\times\frac{56}{38}\times\frac{39}{41}\times\frac{63}{50}=1\,400(r/min)$$

主轴正转时的 24 级转速为 10～1 400 r/min，反转时的 12 级转速为 14～1 580 r/min。

2. 车螺纹运动传动链

CA6140 型卧式车床可车削公制普通螺纹、模数螺纹、英制螺纹和径节螺纹等 4 种标准螺纹，另外还可加工大导程螺纹、非标准螺纹及较精密螺纹。

车螺纹运动传动链的两端件是主轴和刀架，它们之间必须保持严格的运动关系，即主轴每转一转，刀具移动工件螺纹的一个导程 L。

（1）车公制普通螺纹

公制普通螺纹是应用最广泛的一种螺纹，在国家标准中规定了标准螺距值。CA6140 型车床能车制的常用公制普通螺纹标准导程值（单头螺纹）见表 2-3。

车公制普通螺纹时，进给箱中离合器 M_3、M_4 脱开，M_5 结合，如图 2-11 所示。运动由主轴 VI 经齿轮副 58/58，轴 IX—XI 间换向机构，挂轮组要用 63/100×100/75，然后再经齿轮副 25/36，轴 XIII—XIV 间滑移齿轮变速机构，齿轮副 25/36×36/25，轴 XV—XVII 间的 2 组滑移齿轮变速机构及离合器 M_5 传动丝杠。丝杠通过开合螺母将运动传至溜板箱，带动刀架纵向进给。车公

表 2-3   CA6140 型车床车削公制普通螺纹表

$u_倍$ \ L(mm) \ $u_基$	$\dfrac{26}{28}$	$\dfrac{28}{28}$	$\dfrac{32}{28}$	$\dfrac{36}{28}$	$\dfrac{19}{14}$	$\dfrac{20}{14}$	$\dfrac{33}{21}$	$\dfrac{36}{21}$
$\dfrac{18}{45}\times\dfrac{15}{48}=\dfrac{1}{8}$	—	—	1	—		1.25	—	1.5
$\dfrac{28}{35}\times\dfrac{15}{48}=\dfrac{1}{4}$		1.75	2	2.25		2.5		3
$\dfrac{18}{45}\times\dfrac{35}{28}=\dfrac{1}{2}$		3.5	4	4.5		5	5.5	6
$\dfrac{28}{35}\times\dfrac{35}{28}=1$		7	8	9		10	11	12

制普通螺纹进给运动的传动路线表达式为：

$$主轴 Ⅵ - \frac{58}{58} - Ⅸ - \left[\begin{array}{c}\frac{33}{33}\\(右旋螺纹)\\\frac{33}{25}\times\frac{25}{33}\\(左旋螺纹)\end{array}\right] - Ⅺ - \frac{63}{100}\times\frac{100}{75} - Ⅻ - \frac{25}{36} - ⅩⅢ - u_基 -$$

$$Ⅹ Ⅳ - \frac{25}{36}\times\frac{36}{25} - ⅩⅤ - u_倍 - Ⅹ Ⅶ - M_5 - Ⅹ Ⅷ（丝杠）- 刀架$$

运动平衡式为：

$$L = kP = 1_{主轴}\times\frac{58}{58}\times\frac{33}{33}\times\frac{63}{100}\times\frac{100}{75}\times\frac{25}{36}\times u_基\times\frac{25}{36}\times\frac{36}{25}\times u_倍\times 12$$

式中： L——螺纹导程，单位是 mm；

         P——螺纹螺距，单位是 mm；

         k——螺纹头数；

       $u_基$——基本组传动比；

       $u_倍$——增倍组传动比。

整理后可得：

$$L = 7u_基 u_倍$$

该滑移齿轮变速机构由固定在轴ⅩⅢ上 8 个齿轮及安装在轴 ⅩⅣ 上 4 个单联滑移齿轮构成。每个滑移齿轮可分别与轴ⅩⅢ上的 2 个固定齿轮相啮合，其啮合情况分别为：26/28、28/28、32/28、36/28、19/14、20/14、33/21 及 36/21，相应的 8 种传动比为：6.5/7、7/7、8/7、9/7、9.5/7、10/7、11/7 及 12/7。这 8 个传动比近似按等差数列排列。该变速机构是获得各种螺纹导程的基本变速机构，通常称为基本螺距机构，或简称为基本组，其传动比以 $u_基$ 表示。

$u_倍$ 其值按倍数排列，用来配合基本组，扩大车削螺纹的螺距值大小，故称该变速机构为增倍机构或增倍组。增倍组有 4 种传动比，分别为：

$$u_{倍1} = \frac{28}{35}\times\frac{35}{28} = 1$$

$$u_{倍2} = \frac{18}{45}\times\frac{35}{28} = \frac{1}{2}$$

$$u_{倍3} = \frac{28}{35}\times\frac{15}{48} = \frac{1}{4}$$

$$u_{倍4} = \frac{18}{45} \times \frac{15}{48} = \frac{1}{8}$$

通过 $u_基$ 和 $u_倍$ 的不同组合，就可得到表 2-3 中所列全部公制普通螺纹的导程值（$k=1$）。

（2）车模数螺纹

模数螺纹的螺距参数为模数 m，螺距值为 πm（mm）。车模数螺纹时，挂轮组要用 64/100×100/97，其余传动路线与车公制螺纹完全一致。车制模数螺纹的运动平衡式为：

$$L_m = k\pi m = 1_{主轴} \times \frac{58}{58} \times \frac{33}{33} \times \frac{64}{100} \times \frac{100}{97} \times \frac{25}{36} \times u_基 \times \frac{25}{36} \times \frac{36}{25} \times u_倍 \times 12$$

式中：L_m——模数螺纹导程，单位是 mm；

m——模数螺纹的模数值，单位是 mm；

k——螺纹头数。

整理后得：

$$L_m = k\pi m = \frac{7\pi}{4} u_基 u_倍$$

$$m = \frac{7}{4k} u_基 u_倍$$

改变 $u_基$ 和 $u_倍$，就可车削（头数 $k=1$）不同模数值的模数螺纹，见表 2-4。

表 2-4   CA6140 型车床车削模数螺纹表

$u_基$ / m(mm) / $u_倍$	$\frac{26}{28}$	$\frac{28}{28}$	$\frac{32}{28}$	$\frac{36}{28}$	$\frac{19}{14}$	$\frac{20}{14}$	$\frac{33}{21}$	$\frac{36}{21}$
$\frac{18}{45} \times \frac{15}{48} = \frac{1}{8}$	—	—	0.25	—	—	—	—	—
$\frac{28}{35} \times \frac{15}{48} = \frac{1}{4}$	—	—	0.5	—	—	—	—	—
$\frac{18}{45} \times \frac{35}{28} = \frac{1}{2}$	—	—	1	—	—	1.25	—	1.5
$\frac{28}{35} \times \frac{35}{28} = 1$	—	1.75	2	2.25	—	2.5	2.75	3

（3）车英制螺纹

英制螺纹的螺距参数为螺纹每英寸长度上的牙（扣）数 a。标准的 a 值也是按分段等差数列规律排列的。英制螺纹的螺距值为 $1/a$ 时，折算成公制为 $25.4/a$(mm)。可见标准英制螺纹螺距值的特点是：分母按分段等差数列排列，且螺距值中含有 25.4 特殊因子。因此，车削英制螺纹传动路线与车公制螺纹传动路线相比，应有以下两处不同。

① 基本组中主、从动传动关系应与车公制螺纹时相反，使离合器 M_3 接通，即运动应由轴 XIV 传至轴 XIII。这样，基本组的传动比分别为 7/6.5、7/7、7/8、7/9、7/9.5、7/10、7/11 及 7/12，形成了分母成近似等差数列排列，从而适应英制螺纹螺距值的排列规律。

② 改变传动链中部分传动副的传动比，以引入 25.4 的因子。车制英制螺纹时，挂轮组要用 63/100×100/75，进给箱中轴 XII 的滑移齿轮 z_{25} 右移，使 M_3 结合，轴 XV 上滑移齿轮 z_{25} 左移

与轴 XⅢ 上固定齿轮 z_{36} 啮合。此时，离合器 M_4 脱开，M_5 保持结合。运动由挂轮组传至轴 XII 后，经离合器 M_3、轴 XIV 及基本组机构传至轴 XIII，传动方向正好与车公制螺纹时相反，其基本组传动比 $u'_{基}$ 与车公制螺纹时的 $u_{基}$ 互为倒数，即 $u'_{基}=1/u_{基}$。然后运动由齿轮副 36/25，增倍机构，M_5 传至丝杠。车英制螺纹的运动平衡式为：

$$L_a = \frac{25.4k}{a} = 1_{主轴} \times \frac{58}{58} \times \frac{33}{33} \times \frac{63}{100} \times \frac{100}{75} \times u'_{基} \times \frac{36}{25} \times u_{倍} \times 12$$

平衡式中，$63/100 \times 100/75 \times 36/25 \approx 25.4/21$，包含了 25.4 因子，$u'_{基}=1/u_{基}$，代入上式整理后得换置公式：

$$L_a = \frac{25.4k}{a} = \frac{4}{7} \times 25.4 \frac{u_{倍}}{u_{基}}$$

$$a = \frac{7k}{4} \frac{u_{基}}{u_{倍}}$$

当头数 $k=1$ 时，a 值与 $u_{基}$、$u_{倍}$ 的关系见表 2-5。

表 2-5　　　　　　　　　　　　　CA6140 型车床车削英制螺纹表

a(牙·in⁻¹) ＼ $u_{基}$ ＼ $u_{倍}$	$\frac{26}{28}$	$\frac{28}{28}$	$\frac{32}{28}$	$\frac{36}{28}$	$\frac{19}{14}$	$\frac{20}{14}$	$\frac{33}{21}$	$\frac{36}{21}$
$\frac{18}{45} \times \frac{15}{48} = \frac{1}{8}$	—	14	16	18	19	20	—	24
$\frac{28}{35} \times \frac{15}{48} = \frac{1}{4}$	—	7	8	9	—	10	11	12
$\frac{18}{45} \times \frac{35}{28} = \frac{1}{2}$	$3\frac{1}{4}$	$3\frac{1}{2}$	4	$4\frac{1}{2}$	—	5	—	6
$\frac{28}{35} \times \frac{35}{28} = 1$	—	—	2	—	—	—	—	3

（4）车径节螺纹

径节螺纹用于英制蜗杆，其螺距参数以径节 DP（牙/in）来表示。标准径节的数列也是分段等差数列。径节螺纹的螺距为 π/DP(in)$=25.4\pi/DP$(mm)，可见径节螺纹的螺距值与英制螺纹相似，即分母是分段等差数列，且螺距值中含有 25.4 因子，所不同的是径节螺纹的螺距值中还具有 π 因子。由此可知，车制径节螺纹可采用车英制螺纹传动路线，但挂轮组应与加工模数螺纹时相同，为 64/100×100/97。车径节螺纹时的运动平衡式为：

$$L_{DP} = \frac{25.4k\pi}{DP} = 1_{主轴} \times \frac{58}{58} \times \frac{33}{33} \times \frac{64}{100} \times \frac{100}{97} \times u'_{基} \times \frac{36}{25} \times u_{倍} \times 12$$

平衡式中，$64/100 \times 100/97 \times 36/25 \approx 25.4\pi/84$，$u'_{基}=1/u_{基}$，代入整理后得换置公式：

$$L_{DP} = \frac{25.4k\pi}{DP} = \frac{25.4\pi u_{倍}}{7u_{基}}$$

$$DP = 7k \frac{u_{基}}{u_{倍}}$$

当加工头数 $k=1$ 的标准 DP 值径节螺纹时，$u_基$和 $u_倍$ 的关系见表 2-6。

表 2-6 　　　　　　　　　CA6140 型车床车削径节螺纹表

DP $(牙 \cdot in^{-1})$ $u_基$ $u_倍$	$\frac{26}{28}$	$\frac{28}{28}$	$\frac{32}{28}$	$\frac{36}{28}$	$\frac{19}{14}$	$\frac{20}{14}$	$\frac{33}{21}$	$\frac{36}{21}$
$\frac{18}{45} \times \frac{15}{48} = \frac{1}{8}$	—	56	64	72	—	80	88	96
$\frac{28}{35} \times \frac{15}{48} = \frac{1}{4}$	—	28	32	36	—	40	44	48
$\frac{18}{45} \times \frac{35}{28} = \frac{1}{2}$	—	14	16	18	—	20	22	24
$\frac{28}{35} \times \frac{35}{28} = 1$	—	7	8	9	—	10	11	12

由上述可见，CA6140 型卧式车床通过两组不同传动比的挂轮、基本组、增倍组以及轴Ⅻ、轴ⅩⅤ上两个滑移齿轮 z_{25} 的移动（通常称这两滑移齿轮及有关的离合器为移换机构）加工出 4 种不同的标准螺纹。表 2-7 列出了加工 4 种螺纹时，进给传动链中各机构的工件状态。

表 2-7 　　　　　　　　　CA6140 型车床车制各种螺纹的工作调整

螺纹种类	螺距（mm）	挂轮机构	离合器状态	移换机构	基本组传动方向
公制螺纹	P	$\frac{63}{100} \times \frac{100}{75}$	M_5 结合 M_3、M_4 脱开	轴Ⅻ $\overleftarrow{z_{25}}$ ⅩⅤ $\overrightarrow{z_{25}}$	轴ⅩⅢ → ⅩⅣ
模数螺纹	$P_m = \pi m$	$\frac{64}{100} \times \frac{100}{75}$			
英制螺纹	$P_a = \frac{25.4}{a}$	$\frac{63}{100} \times \frac{100}{75}$	M_3、M_5 结合 M_4 脱开	轴Ⅻ $\overrightarrow{z_{25}}$ ⅩⅤ $\overleftarrow{z_{25}}$	轴ⅩⅣ → ⅩⅢ
径节螺纹	$P_{DP} = \frac{25.4\pi}{DP}$	$\frac{64}{100} \times \frac{100}{75}$			

（5）车大导程螺纹运动传动链

车削导程更大的螺纹，可将轴Ⅸ上的滑移齿轮 z_{58} 右移，与轴Ⅷ上的齿轮 z_{26} 啮合。这是一条扩大导程的传动路线：

$$主轴 Ⅵ - \frac{58}{26} - Ⅴ - \frac{80}{20} - Ⅳ \begin{bmatrix} \frac{50}{50} \\ \frac{80}{20} \end{bmatrix} - Ⅲ - \frac{44}{44} - Ⅷ - \frac{26}{58} - Ⅸ$$

轴Ⅸ以后的传动路线与车公制普通螺纹进给运动的传动路线表达式相同。从主轴Ⅵ至轴Ⅸ之间的传动比为：

$$u_{扩1} = \frac{58}{26} \times \frac{80}{20} \times \frac{50}{50} \times \frac{44}{44} \times \frac{26}{58} = 4$$

$$u_{扩2} = \frac{58}{26} \times \frac{80}{20} \times \frac{80}{20} \times \frac{44}{44} \times \frac{26}{58} = 16$$

在正常螺纹导程时，主轴Ⅵ与轴Ⅸ间的传动比为 $u=58/58=1$。扩大螺纹导程机构的传动齿轮就是主运动传动链的传动齿轮，所以：①只有当主轴上的 M_2 右合，即主轴处于低速传动路线时，才能用扩大导程。②当主轴转速确定后，螺纹导程扩大 4 倍或 16 倍。③当轴Ⅲ—Ⅳ—Ⅴ之间的传动比为 50/51×50/50 时，并不准确地等于 1，所以不能用扩大导程。

（6）车制非标准螺纹及精密螺纹

车制非标准螺纹或精密螺纹时，不能用车制标准螺纹的传动路线。这时，可将离合器 M_3、M_4、M_5 全部啮合，把轴Ⅻ、ⅩⅣ、ⅩⅦ和丝杠（ⅩⅧ）连成一体，使运动由挂轮直接传动丝杠。螺纹的导程 L 依靠调整挂轮架的传动比 $u_挂$ 来实现。

3. 纵、横向进给运动传动链

CA6140 型卧式车床作机动进给时，从主轴Ⅵ至进给箱轴ⅩⅦ的传动路线与车削螺纹时的传动路线相同。轴ⅩⅦ上滑移齿轮 z_{28} 处于左位，使 M_5 脱开，从而切断进给箱与丝杠的联系。运动由齿轮副 28/56 及联轴器传至光杠ⅩⅨ，再由光杠通过溜板箱中的传动机构，分别传至齿轮齿条机构或横向进给丝杠ⅩⅩⅦ，使刀架做纵向或横向机动进给。纵、横向机动进给的传动路线表达式为：

$$
主轴Ⅵ-\begin{bmatrix}公制螺纹传动路线\\英制螺纹传动路线\end{bmatrix}-ⅩⅦ-\frac{28}{56}-ⅩⅨ（光杠）
$$

$$
-\frac{36}{32}\times\frac{32}{56}-M_6（超越离合器）-M_7（安全离合器）-ⅩⅩ-\frac{4}{29}-ⅩⅪ
$$

$$
-\begin{bmatrix}\begin{matrix}\frac{40}{48}-M_9\uparrow\\\frac{40}{30}\times\frac{30}{48}-M_9\downarrow\end{matrix}\end{bmatrix}-ⅩⅩⅤ-\frac{48}{48}\times\frac{59}{18}-ⅩⅩⅦ（丝杠）-刀架（横向进给）
$$

$$
\begin{bmatrix}\begin{matrix}\frac{40}{48}-M_8\uparrow\\\frac{40}{30}\times\frac{30}{48}-M_8\downarrow\end{matrix}\end{bmatrix}-ⅩⅩⅡ-\frac{28}{80}-ⅩⅩⅢ-z_{12}-齿条-刀架（纵向进给）
$$

溜板箱内的双向齿式离合器 M_8 及 M_9 分别用于纵、横向机动进给运动的接通、断开及控制进给方向。CA6140 型卧式车床可以通过 4 种不同的传动路线来实现机动进给运动，从而获得纵向和横向进给量各 64 种。当运动由主轴经正常导程的公制螺纹传动路线时，可获得正常进给量。这时的运动平衡式为：

$$
f_纵=1_{主轴}\times\frac{58}{58}\times\frac{33}{33}\times\frac{63}{100}\times\frac{100}{75}\times\frac{25}{36}\times u_基\times\frac{25}{36}\times\frac{36}{25}\times u_倍\times\frac{28}{56}\times
$$

$$
\frac{36}{32}\times\frac{32}{56}\times\frac{4}{29}\times\frac{40}{30}\times\frac{30}{48}\times\frac{28}{80}\times\pi\times2.5\times12
$$

化简后可得：

$$
f_纵=0.71u_基u_倍
$$

改变 $u_基$ 和 $u_倍$ 可得到从 0.08～1.22 mm/r 的 32 种正常进给量。其余 32 种进给量可分别通过英制螺纹传动路线和扩大螺纹导程机构得到。

横向机动进给量同样通过传动计算获得，横向机动进给量是纵向机动进给量的一半。

4. 刀架快速移动

为了减轻工人劳动强度和缩短辅助时间，刀架可以实现纵向和横向机动快速移动。刀架的纵、横向快速移动由装在溜板箱右侧的快速电动机（0.25kW，2 800 r/min）传动。快速电动机的运动是由齿轮副 13/29 传至轴 XX，然后沿机动进给传动路线，传至纵向齿轮齿条副或横向进给丝杠。轴 XX 左端的超越离合器 M_6 保证了刀架快速移动与工作进给不发生运动干涉。

2.2.4 CA6140 型卧式车床的典型结构

1. 主轴箱

主轴箱主要由主轴部件、传动机构、开停与制动装置、操纵机构及润滑装置等组成。为了便于了解主轴箱内各传动件的传动关系，传动件的结构、形状、装配方式及其支承结构，常采用展开图的形式表示。如图 2-12 所示为 CA6140 型卧式车床主轴箱展开图。展开图中有些有传动关系的轴在展开后被分开了，如轴 III 和轴 IV、轴 IV 和轴 V 等，从而使有的齿轮副也被分开了，在读图时应予以注意。下面介绍主轴箱内主要部件的结构及工作原理。

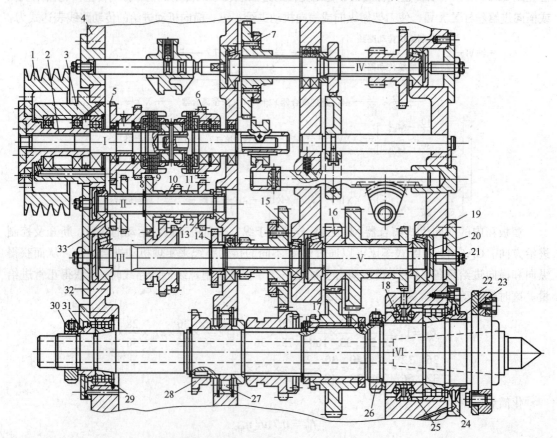

图 2-12　CA6140 型卧式车床主轴箱展开图

1—带轮　2—花键套　3—法兰　4—主轴箱体　5—双联空套齿轮　6—空套齿轮　7、33—双联滑移齿轮

8—半圆环　9、10、13、14、28—固定齿轮　11、25—隔套　12—三联滑移齿轮　15—双联固定齿轮

16、17—斜齿轮　18—双向推力角接触球轴承　19—盖板　20—轴承压盖　21—调整螺钉

22、29—双列圆柱滚子轴承　23、26、30—螺母　24、32—轴承端盖

27—圆柱滚子轴承　31—套筒

（1）双向式多片摩擦离合器及制动机构

如图 2-13 所示，轴Ⅰ上装有双向式多片摩擦离合器用以控制主轴的启动、停止及换向。轴Ⅰ右半部为空心轴，在其右端安装有可绕圆柱销 11 摆动的元宝形摆块 12。元宝形摆块 12 下端弧形尾部卡在拉杆 9 的缺口槽内。当拨叉 13 由操纵机构控制，拨动滑套 10 右移时，摆块 12 绕顺时针摆动，其尾部拨动拉杆 9 向左移动。拉杆通过固定在其左端的长销 6，带动压套 5 和螺母 4 压紧左离合器的内、外摩擦片 2、3，从而将轴Ⅰ的运动传至空套其上的齿轮 1，使主轴得到正转。当滑套 10 向左移动时，元宝形摆块 12 绕逆时针摆动，从而使拉杆 9 通过压套 5、螺母 7，使右离合器内外摩擦片压紧，并使轴Ⅰ运动传至齿轮 8，再经由安装在轴Ⅶ上的中间轮 z_{34}，将运动传至轴Ⅱ见图 2-12，从而使主轴反向旋转。当滑套处于中间位置时，左右离合器的内外摩擦片均松开，主轴停转。

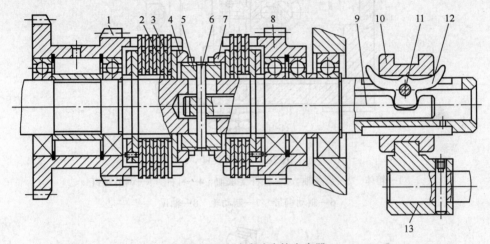

图 2-13　双向式多片摩擦离合器

1—双联齿轮　2—内摩擦片　3—外摩擦片　4、7—螺母　5—压套　6—长销

8—齿轮　9—拉杆　10—滑套　11—圆柱销　12—元宝形摆块　13—拨叉

为了在摩擦离合器松开后，克服惯性作用，使主轴迅速制动，在主轴箱轴Ⅳ上装有制动装置，如图 2-14 所示。

制动装置由通过花键与轴Ⅳ连接的制动轮 7、制动钢带 6、杠杆 4 以及调整装置等组成。制动带内侧固定一层铜丝石棉以增大制动摩擦力矩。制动带一端通过调节螺钉 5 与箱体 1 连接，另一端固定在杠杆上端。当杠杆 4 绕轴 3 逆时针摆动时，拉动制动带，使其包紧在制动轮上，并通过制动带与制动轮之间的摩擦力使主轴得到迅速制动。制动摩擦力矩的大小可用调节装置中螺钉 5 进行调整。

摩擦离合器和制动装置必须得到适当的调整。如果摩擦离合器中摩擦片间的间隙过大，压紧力不足，不能传递足够的摩擦力矩，会使摩擦片间发生相对打滑，这样会使摩擦片磨损加剧，导致主轴箱内温度升高，严重时会使主轴不能正常转动；如果间隙过小，不能完全脱开，也会使摩擦片间相对打滑和发热，而且还会使主轴制动不灵。制动装置中制动带松紧程度也应适当，要求停车时，主轴能迅速制动；开车时，制动带应完全松开。

双向式多片摩擦离合器与制动装置如图 2-15 所示，其采用同一操纵机构控制以协调两机构的工作。当抬起或压下手柄 7 时，通过曲柄 9、拉杆 10、曲柄 11 及扇形齿轮 13，使齿条轴 14

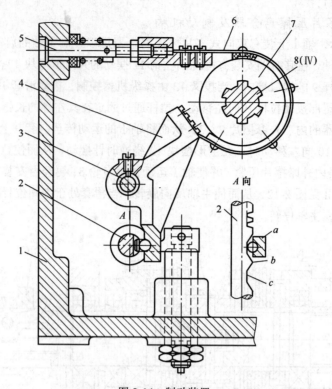

图 2-14　制动装置

1—箱体　2—齿条轴　3—杠杆支承轴　4—杠杆　5—调节螺钉

6—制动钢带　7—制动轮　8—轴Ⅳ

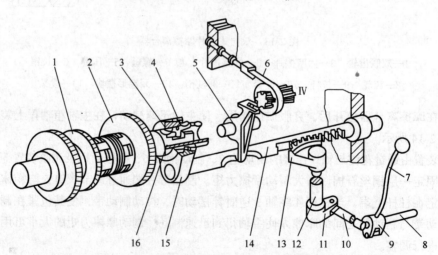

图 2-15　摩擦离合器及制动装置的操纵机构

1—双联齿轮　2—齿轮　3—元宝形摆块　4—滑套　5—杠杆　6—制动带

7—手柄　8—操纵杆　9、11—曲柄　10、16—拉杆

12—轴　13—扇形齿轮　14—齿条轴　15—拨叉

向右或向左移动，再通过元宝形摆块 3、拉杆 16 使左边或右边离合器结合，从而使主轴正转或反转。此时杠杆 5 下端位于齿条轴圆弧形凹槽内，制动带处于松开状态。当操纵手柄 7 处于中间位置时，齿条轴 14 和滑套 4 也处于中间位置，摩擦离合器左、右摩擦片组都松开，主轴与运动源

断开。这时，杠杆 5 下端被齿条轴两凹槽间凸起部分顶起，从而拉紧制动带，使主轴迅速制动。

（2）主轴部件

主轴部件是车床的关键部分。工作时工件装夹在主轴上，并由其直接带动旋转做主运动，因此主轴的旋转精度、刚度、抗振性等对工件的加工精度和表面粗糙度有直接影响。

主轴部件的结构如图 2-12 所示，为了保证主轴具有较好的刚性和抗振性，采用前、中、后 3 个支承，前支承用一个短圆柱滚子轴承 22（NN3021K/P5）和一个 60° 角接触的双列推力调心球轴承 18（51120/P5）的组合方式，承受切削过程中产生的背向力和正反方向的进给力。后支承用一个短圆柱滚子轴承 29（NN3015K/P6）。主轴中部用一个短圆柱滚子轴承 27（NN216）作为辅助支承。这种结构在重载荷工作条件下能保持良好的刚性和工作平稳性。

主轴前端采用短圆锥连接盘结构如图 2-16 所示，用来装夹卡盘或其他夹具。它以短圆锥表面和轴肩端面作定位面。装夹时，卡盘座 4 上的 4 个螺钉 5 通过主轴轴肩 3 及锁紧盘 2 的孔，然后将锁紧盘 2 转动一个角度，使螺钉 5 处于锁紧盘 2 的沟槽内（如图 2-16 所示位置），并拧紧螺钉 1 及螺母 6，就可以使卡盘可靠地装夹在主轴前端。这种结构主要是使主轴前端的悬伸长度较短，有利于提高主轴组件的刚度。

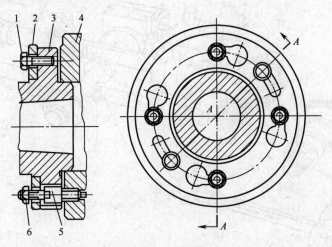

图 2-16　主轴前端结构

1—螺钉　2—锁紧盘　3—主轴轴肩　4—卡盘座　5—螺钉　6—螺母

在长期的使用过程中，由于磨损而产生轴承的间隙，当主轴轴承间隙过大时，将降低主轴刚度，切削时产生径向圆跳动或轴向窜动，容易产生振动。间隙太小则会造成主轴高速旋转时温度过高而损坏。调整主轴前轴承 22（如图 2-12 所示）可用螺母 26 和 23 调整。调整时，先拧松螺母 23 和 26 上的锁紧螺钉，然后拧紧螺母 26，使轴承的内圈相对主轴锥形轴径向右移动。由于锥面作用，轴承内圈产生径向弹性膨胀，将滚子与内、外圈之间的间隙减小。调整适当后，应将螺母 26 上的锁紧螺钉和螺母 23 拧紧。后轴承 29 的间隙可用螺母 30 调整。调整后，应该检查轴承间隙，转动主轴，感觉应灵活，无阻滞现象。一般用外力旋转时，主轴转动在 3～5 圈内自动平稳地停止。

2. 溜板箱

溜板箱内包含以下机构：实现刀架快慢移动和自动转换的超越离合器，起过载保护作用的安全离合器，接通、断开丝杠传动的开合螺母机构，接通、断开和转换纵、横向机动进给运动的操纵机构，以及避免运动干涉的互锁机构等。

（1）纵、横向机动进给操纵机构

如图 2-17 所示为纵、横向机动进给操纵机构。纵、横向机动进给的接通、断开和换向由一个手柄集中操纵。手柄 1 通过销轴 2 与轴向固定的轴 23 相连接。向左或向右扳动手柄 1 时，手柄下端缺口通过球头销 4 拨动轴 5 轴向移动，然后经杠杆 11、连杆 12、偏心销使圆柱形凸轮 13 转动。凸轮上的曲线槽通过圆销 14、轴 15 和拨叉 16，拨动离合器 M_8 与空套在轴 XXII 上两个空套齿轮之一啮合，从而接通纵向机动进给，并使刀架向左或向右移动。

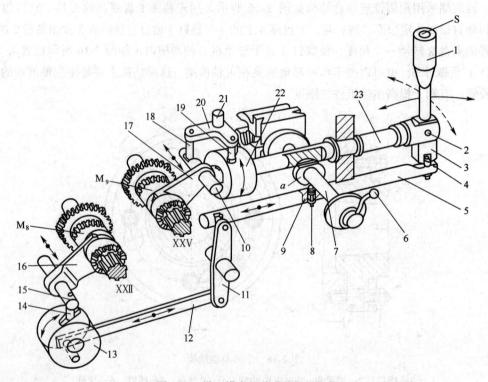

图 2-17 纵、横向机动进给操纵机构

1、6—手柄 2、21—销轴 3—手柄座 4、9—球头销 5、7、23—轴 8—弹簧销

10、15—拨叉轴 11、20—杠杆 12—连杆 13—圆柱形凸轮 14、18、19—圆销

16、17—拨叉 22—凸轮 S—按钮

向前或向后扳动手柄 1 时，通过手柄方形下端部带动轴 23 转动，使轴 23 左端凸轮 22 随之转动，从而通过凸轮上的曲线槽推动圆销 19，并使杠杆 20 绕轴 21 摆动。杠杆 20 上另一圆销 18 通过轴 10 上缺口，带动轴 10 轴向移动，并通过固定在轴上的拨叉，拨动离合器 M_9，使之与轴 XXV 上两空套齿轮之一啮合，从而接通横向机动进给。

纵、横向机动进给机构的操纵手柄扳动方向与刀架进给方向一致，给使用带来方便。手柄在中间位置时，两离合器均处于中间位置，机动进给断开。按下操纵手柄顶端的按钮 S，接通快速电动机，可使刀架按手柄位置确定的进给方向快速移动。由于超越离合器的作用，即使机动进给时，也可使刀架快速移动，而不会发生运动干涉。

（2）开合螺母机构

开合螺母机构的作用是接通或断开从丝杠传来的运动，如图 2-18 所示。开合螺母是由上下两个半螺母 1 和 2 组成，装在燕尾形导轨中可上下移动。上下半螺母的背面各装有一个圆柱销 3，其伸出端分别嵌在槽盘 4 的两条槽中。扳动手柄 6，经轴 7 使槽盘逆时针转动时，曲线槽迫使两圆柱销 3 互相靠近，带动上下半螺母合拢，与丝杠啮合。反向扳动手柄 6 时，两半螺母互相分开与丝杠分离。

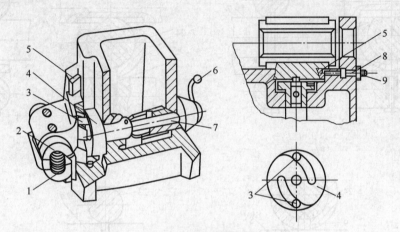

图 2-18　开合螺母机构

1、2—半螺母　3—圆柱销　4—槽盘　5—镶条　6—手柄

7—轴　8—螺钉　9—螺母

开合螺母与镶条要调整适合，不然就会影响螺纹的加工精度，或使开合螺母操纵手柄自动跳位。开合螺母和燕尾导轨配合间隙（一般应小于 0.03 mm）调整时，可用螺钉 8 支紧或放松镶条 5 进行调整，调整后用螺母 9 锁紧。

（3）互锁机构

溜板箱内的互锁机构是为了保证纵、横向机动进给和车螺纹进给运动不同时接通，以避免机床损坏而设置的，其工作原理如图 2-19 所示。

操纵手柄轴 7 的凸肩 a 上带有一个削边和一个 V 形槽（如图 2-17、图 2-19 所示）。轴 23 上铣有能与凸肩相配的键槽；轴 5 的小孔内装有弹簧销 8。在手柄轴 7 凸肩与支承套 24 之间有一个球头销 9。当纵、横向进给及车螺纹运动均未接通时，凸肩 a 未进入轴 23 的键槽中，球头销 9 头部与凸肩 a 的 V 形槽相切。球头销 9 与弹簧销 8 的接触界面正好位于支承套 24 与轴 5 相切之处。因而此时可根据加工要求转动手柄轴 7 或通过进给操纵手柄转动轴 23 或移动轴 5，以便接通 3 种进给运动中的 1 种。

如转动手柄轴 7，合上开合螺母，由于手柄轴 7 上的凸肩 a 进入轴 23 的键槽之中，使轴 23 不能转动。另外，凸肩的圆周部分将球头销 9 下压，使其一部分在支承套 24 内，一部分压缩弹簧销 8 进入轴 5 的小孔中，使轴 5 个能移动。这样就保证了接通车螺纹运动后，不能再接通纵、横向机动进给。如移动轴 5 接通纵向进给运动，轴 5 小孔中的弹簧销 8 与球头销 9 脱离接触。球头销 9 被轴 5 的圆周表面顶住，其上端又卡在凸肩 a 的 V 形槽中，因此操纵手柄 7 被锁住，无法转动使开合螺母合拢。如转动轴 23，接通横向进给运动，这时轴 23 上键槽不再对准凸肩 a，于是凸肩 a 被轴 23 顶住，操纵手柄 7 无法转动，不能使开口螺母合拢。由此可见，由于互锁机构的作用，合上开合螺母后，不能再接通纵、横向进给运动，而接通了纵向或横向进给运动后，就无法再接通车螺纹运动。

操纵进给方向手柄的面板上开有十字槽，以保证手柄向左或向右扳动后，不能前后扳动。总之，向前或向后扳动后，不能左右扳动。这样就实现了纵向与横向机动进给运动之间的互锁。

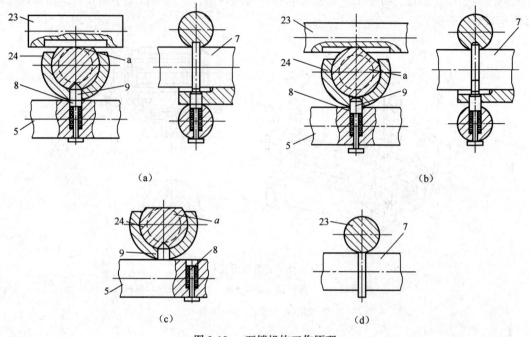

(a)　　　　　　　　　　　　　　(b)

(c)　　　　　　　　　　　　　　(d)

图 2-19　互锁机构工作原理

5、23—轴　7—手柄轴　8—弹簧销　9—球头销　24—支承套

小　结

根据加工零件的结构特征，选择加工方法。车削加工主要是加工内外圆柱面和各种螺纹。车床的主运动是工件的旋转运动，进给运动是车刀的横、纵向移动。车削加工表面的形状取决于车刀刀尖的运动轨迹及刀刃的形状。普通卧式车床是由三箱（主轴箱、进给箱、溜板箱）、两杠（光杠和丝杠）、3 个一（床身、刀架和尾座）等组成。每个组成部分都有各自的作用。卧式车床有 4 种运动，就有 4 条传动链，即主运动传动链、纵横向进给运动传动链、车螺纹传动链及刀架快速移动传动链。应对主轴箱和溜板箱内的主要部件有清楚的了解。

习　题

1. 简述车削加工的切削运动，车削加工范围及车削加工精度。

2. CA6140 型卧式车床主要有哪几部分组成，并简述各部分的作用。

3. CA6140 型卧式车床的传动系统中有哪几条传动链？各传动链的作用是什么？

4. 卧式车床中能否用丝杠来代替光杠作机动进给？为什么？

5. 车床的横向、纵向进给运动是如何实现的？在车床上钻孔时的轴向进给运动是如何实现的？

第3章

铣削加工

【学习目标】

1. 掌握铣削加工方法特点
2. 熟悉铣削加工范围和主要特点
3. 掌握铣削加工运动组成及特点
4. 掌握 X6132 型卧式升降台铣床的组成、传动原理
5. 熟悉 X6132 型卧式升降台铣床典型结构
6. 熟悉应用分度头进行分度铣削的方法

3.1 铣削加工方法及特点

3.1.1 铣削加工方法

铣削加工是将工件用虎钳或专用夹具固定在铣床工作台上，将铣刀安装在铣床主轴的前端刀杆上或直接安装在主轴上，通过铣刀高速旋转与工件随工作台或铣刀的进给运动相配合实现平面或成形面的加工方法。

3.1.2 铣削加工范围

铣床加工范围很广，使用各种平面铣刀、沟槽铣刀、成形表面铣刀等可加工平面、各种键槽、V 形槽、T 形槽、燕尾槽、螺旋槽及铣削齿轮、各种成形表面和切断工件等，如图 3-1 所示。

在铣床上加工工件时，工件的安装方式主要有 3 种。一是直接将工件用螺栓、压板安装于铣床工作台，并用百分表、划针等工具找正。大型工件常采用此安装方式。二是采用平口钳、V 形架、分度头等通用夹具安装工件。形状简单的中、小型工件可用平口虎钳装夹；加工轴类

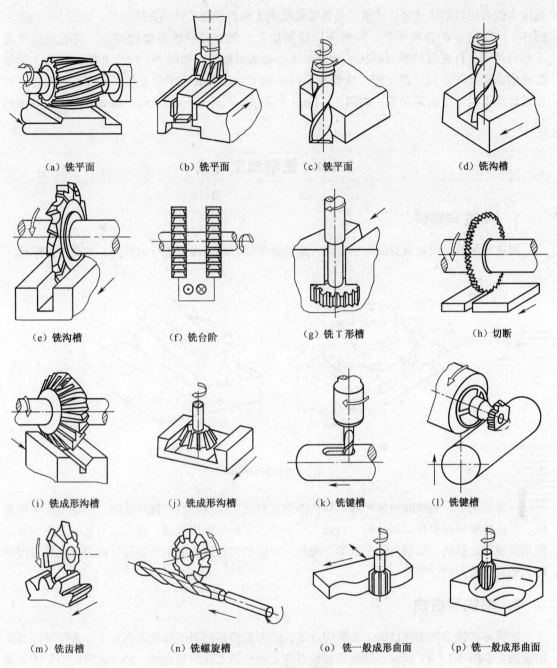

（a）铣平面　　　（b）铣平面　　　（c）铣平面　　　（d）铣沟槽

（e）铣沟槽　　　（f）铣台阶　　　（g）铣 T 形槽　　　（h）切断

（i）铣成形沟槽　　（j）铣成形沟槽　　（k）铣键槽　　　（l）铣键槽

（m）铣齿槽　　　（n）铣螺旋槽　　（o）铣一般成形曲面　　（p）铣一般成形曲面

图 3-1　铣削加工范围

工件上有对中性要求的表面时，采用 V 形架装夹工件；对需要分度的工件，可用分度头装夹。三是用专用夹具装夹工件。因此，铣床附件除常用的螺栓、压板等基本工具外，主要有平口钳、万能分度头、回转工作台、立铣头等。

3.1.3　铣削加工运动

铣削加工的主运动一般是铣床主轴带动铣刀的高速旋转运动，由机床主电机提供，铣削速度为铣刀旋转的线速度；进给运动通常是铣床工作台带动工件的直线运动，如图 3-1（a）~图 3-1（f）所示的各种平面、沟槽等的铣削加工。但有些特殊表面的加工，其进给运动是工作台带动工件进行的平面回转运动或曲线运动来实现的，如图 3-1（o）和图 3-1（p）所示的成形曲面加工。对于螺旋槽、齿轮等零件的加工，还需要将零件安装在分度头等附件上以实现螺旋进给、分齿运动等，如图 3-1（m）和图 3-1（n）所示的齿轮、螺旋槽等成形曲面的加工。

3.1.4　铣削加工方式

1.　周铣与端铣

周铣是用铣刀周边齿刃进行的铣削。端铣是用铣刀端面齿刃进行的铣削。如图 3-2 所示。

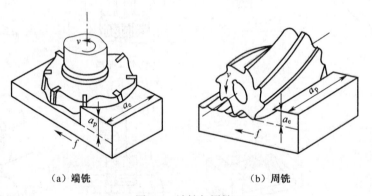

（a）端铣　　　　　　　　　　（b）周铣

图 3-2　端铣与周铣

一般情况下，端铣时的生产效率和铣削质量都比周铣高。所以铣平面时，应尽可能采用端铣。但是具体情况要作具体分析，目前工厂中卧式铣床使用很普遍，这是因为它的万能性好，便于实现组合铣削，以提高铣削效率。此外，在铣削韧性很大的不锈钢等材料时，也可考虑采用大螺旋角铣刀进行周铣。

2.　顺铣和逆铣

逆铣是在铣刀与工件已加工面的切点处，铣刀旋转切削刃的运动方向与工件进给方向相反的铣削，如图 3-3（a）所示。顺铣是在铣刀与工件已加工面的切点处，铣刀旋转切削刃的运动方向与工件进给方向相同的铣削，如图 3-3（b）所示。

顺铣和逆铣比较如下。

① 逆铣时，作用在工件上的力在进给方向上的分力 F_x 是与进给方向 f 相反，故不会把工作台向进给方向拉动一个距离，因此丝杠轴向间隙的大小对逆铣无明显的影响。而顺铣时，由于作用在工件上的力在进给方向的分力 F_x 是与进给方向 f 相同，所以有可能会把工作台拉动一个距离，从而造成每齿进给量突然增加，严重时会损坏铣刀，造成工件报废或更严重的事故。因此在周铣中通常都采用逆铣。

② 逆铣时，作用在工件上的垂直铣削力，在铣削开始时是向上的，有把工件从夹具中拉

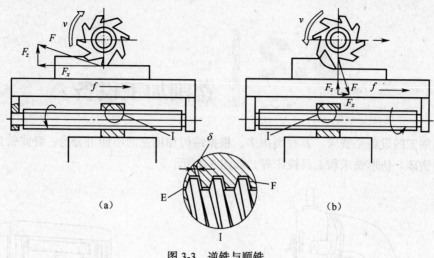

图 3-3　逆铣与顺铣

起来的趋势，所以对加工薄而长或不易夹紧的工件极为不利。另外，在铣削的中途，刀齿切到工件时要滑动一小段距离才切入，此时的垂直铣削力是向下的，而在将切离工件的一段时间内，垂直铣削力是向上的，因而工件和铣刀会产生周期性的振动，影响加工面的表面粗糙度。顺铣时，作用在工件上的垂直铣削力始终是向下的，有压住工件的作用，对铣削工作有利，而且垂直铣削力的变化较小，故产生的振动也小，能使加工表面的粗糙度值较小。

③ 逆铣时，由于刀刃在加工表面上要滑动一小段距离，刀刃容易磨损；顺铣时，刀刃一开始就切入工件，故刀刃比逆铣时磨损小，铣刀使用寿命长。

④ 逆铣时，消耗在工件进给运动上的动力较大，而顺铣时则较小。此外，顺铣时切削厚度比逆铣大，切屑短而厚而且变形小，所以可节省铣床功率的消耗。

⑤ 逆铣时，加工表面上有前一刀齿加工时造成的硬化层，因而不易切削；顺铣时，加工表面上没有硬化层，所以容易切削。

⑥ 对表面有硬皮的毛坯件，顺铣时刀齿一开始就切到硬皮，切削刃容易损坏，而逆铣则无此问题。

综上所述，尽管顺铣比逆铣有较多的优点，但由于逆铣时不会拉动工作台，所以一般情况下都采用逆铣进行粗加工。但当工件不易夹紧或工件薄而长时，宜采用顺铣。此外，当铣削余量较小，铣削力在进给方向的分力小于工作台和导轨面之间的摩擦力时，也可采用顺铣以获得较高精度和较小表面粗糙度。

3.1.5　铣削加工主要特点

① 由于铣刀为多刃刀具，铣削时每个刀齿周期性断续参与切削，刀刃散热条件较好，加工生产率高。

② 铣削中每个铣刀刀齿周期性逐渐切入切出，切削厚度是变化的，形成断续切削，加工中会因此而产生冲击和振动，会对刀具耐用度及工件表面质量产生影响。

③ 铣削加工可以对工件进行粗加工和半精加工，加工精度可达 IT7 ~ IT9，精铣表面粗糙度值 R_a 在 3.2 ~ 1.6μm。

3.2

铣削加工设备

铣削加工的设备是铣床。其种类很多，根据结构和用途的不同可分为：卧式铣床、立式铣床、龙门铣床、仿形铣床和工具铣床等，如图 3-4 所示。

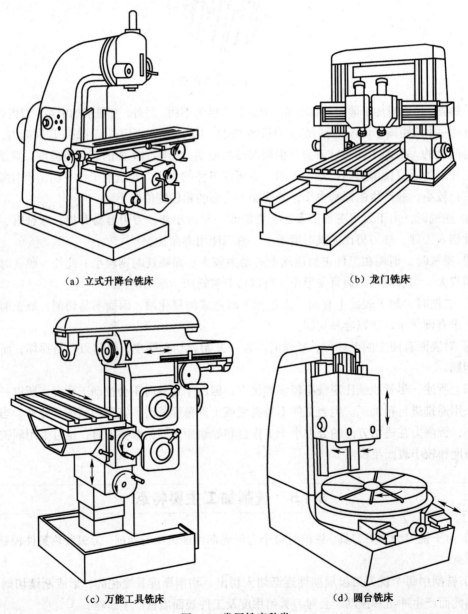

（a）立式升降台铣床 （b）龙门铣床

（c）万能工具铣床 （d）圆台铣床

图 3-4 常用铣床种类

立式、卧式铣床适用于单件及成批生产中的平面、沟槽、台阶等表面的加工；龙门铣床广泛应用于成批、大量生产大中型工件的平面、沟槽加工；万能工具铣床适用于工具、刀具及各种模具加工，也可用于仪器、仪表等行业加工形状复杂的零件；圆台铣床适用于加工成批大量生产中小零件的平面。

生产中最常用的是卧式铣床和立式铣床。

卧式铣床和立式铣床的区别在于安装铣刀的主轴与工作台的相对位置不同。立式铣床具有直立的主轴，主轴轴线与工作台台面垂直。卧式铣床具有水平的主轴，主轴轴线与工作台台面平行。

3.2.1　X6132 型万能升降台铣床的组成

X6132 型万能升降台铣床主要由悬梁、主轴、工作台、回转盘、床鞍及升降台等部件组成，如图 3-5 所示。

1. 底座

底座 1 用来支承铣床的全部重量和盛放冷却润滑液。在底座上装有冷却润滑电动机。

2. 床身

床身 2 用来安装和连接机床其他部件。床身的前面有燕尾形的垂直导轨，供升降台上、下移动时使用。床身的后面装有电动机。

3. 悬梁

悬梁 3 是用以支承安装铣刀和心轴，以加强刀杆的刚度。横梁可在床身顶部的水平导轨中移动，以调整其伸出长度。

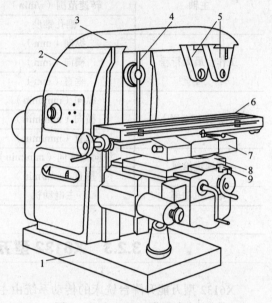

图 3-5　X6132 型万能升降台铣床

1—底座　2—床身　3—悬梁　4—主轴　5—刀轴支架
6—工作台　7—回转盘　8—床鞍　9—升降台

4. 主轴

铣刀主轴 4 是用来安装铣刀。铣刀主轴一端是锥柄，以便装入主轴的锥孔中，另一端可安装在横梁的刀轴支架上来支承，由主轴带动铣刀刀杆旋转。

5. 工作台

工作台 6 用来安装机床附件或工件，并带动它们做纵向移动。台面上有 3 个 T 形槽，用来安装 T 形螺钉或定位键。3 个 T 形槽中，中间一条的精度较高。

6. 床鞍与回转盘

床鞍 8 装在升降台的水平导轨上，可带动纵向工作台一起做横向（前、后）移动，回转盘 7 能使纵向工作台绕回转盘轴线正负各转动 45°，以便铣削螺旋表面。

7. 升降台

升降台 9 是用来支持工作台，并带动工作台上下移动。

3.2.2 X6132 型万能升降台铣床的技术参数

表 3-1 　　　　　　　　　　　X6132 型万能升降台铣床的技术参数

名　称		技 术 参 数
工作台尺寸（宽×长）		320 mm×1 250 mm
主轴	转速级数	18
	转速范围（r/min）	30 ~ 1 500
	锥孔锥度	7∶24
工作台最大行程	纵向（mm）	800
	横向（mm）	300
	垂直（mm）	400
进给量（21 级）	纵向（mm/min）	10 ~ 1 000
	横向（mm/min）	10 ~ 1 000
	垂直（mm/min）	3.3 ~ 333
快速进给量	纵向与横向（mm/min）	2 300
	垂直（mm/min）	766.6
电动机功率	主电动机	7.5 kW，1 450 r/min

3.2.3 X6132 型万能升降台铣床的传动

X6132 型万能升降台铣床的传动系统由主运动传动链、进给运动传动链及工作台快速移动传动链组成。如图 3-6 所示。

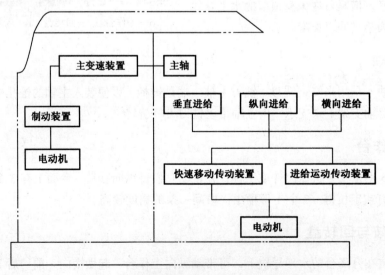

图 3-6 X6132 型万能升降台铣床的传动框图

1. 主运动传动链

X6132 铣床的主运动是主轴旋转运动。由 7.5 kW、1 450 r/min 的主电动机驱动，经 $\phi150/\phi290$ V 带传动，再经 Ⅱ—Ⅲ 轴间的三联滑移齿轮变速组、Ⅲ—Ⅳ 轴间的三联滑移齿轮变速组和 Ⅳ—Ⅴ 轴间的双联滑移齿轮变速组，使主轴获得 18 级转速，转速范围为 30～1 500 r/min。主轴旋转方向改变由主电动机正、反转实现。主轴的制动由电磁制动器 M 来控制。X6132 铣床传动链由三个滑移齿轮变速组组成，由一个操纵机构控制，无换向机构，传动路线简单、结构紧凑。如图 3-7 所示。

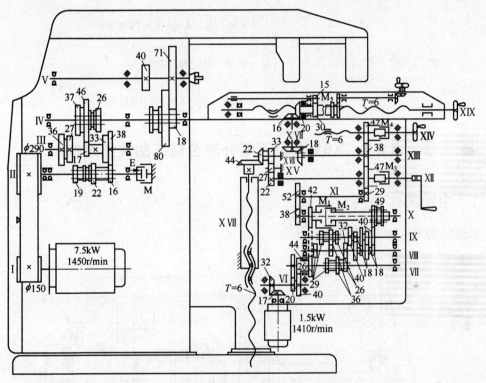

图 3-7 X6132 型万能升降台铣床的传动系统图

2. 进给运动传动链

X6132 铣床的工作台可以做纵向、横向和垂向 3 个方向的进给运动，以及快速移动。

进给运动由进给电动机（1.5 kW、1 410 r/min）驱动。电动机的运动经一对圆锥齿轮 17/32 传至轴Ⅵ，然后根据轴 X 上电磁摩擦离合器 M_1、M_2 的结合情况，分两条路线传动。当轴 X 上离合器 M_2 脱开 M_1 结合时，轴Ⅵ的运动经齿轮副 40/26、44/42 及离合器 M_1 传至轴 X，使工作台实现快速移动。当轴 X 上离合器 M_1 脱开 M_2 结合时，轴Ⅵ的运动经齿轮副 20/44 传至轴Ⅶ，再经轴Ⅶ—Ⅷ间和轴Ⅷ—Ⅸ间两组三联滑移齿轮变速组以及轴Ⅷ—Ⅸ间的曲回机构，经离合器 M_2，将运动传至轴 X，经电磁离合器 M_3、M_4 以及端面齿式离合器 M_5 的不同结合使工作台做垂直、横向和纵向 3 个方向的正常进给运动。

进给运动的传动路线表达式如下：

$$\text{电动机} - \frac{17}{32} - \text{VI} - \begin{bmatrix} \frac{20}{44} \end{bmatrix} - \text{VII} - \begin{bmatrix} \frac{26}{32} \\ \frac{29}{29} \\ \frac{36}{22} \end{bmatrix} - \text{VIII} - \begin{bmatrix} \frac{32}{26} \\ \frac{29}{29} \\ \frac{22}{36} \end{bmatrix} - \text{IX} - \begin{bmatrix} -\frac{40}{49} - \\ \frac{18}{40} \times \frac{18}{40} \times \frac{18}{40} \times \frac{18}{40} \times \frac{40}{49} \\ -\frac{18}{40} \times \frac{18}{40} \times \frac{40}{49} - \end{bmatrix} - \substack{M_2 \text{合} \\ (\text{工作进给})} \longrightarrow$$

$$\begin{bmatrix} \frac{40}{26} \times \frac{44}{42} - M_1 \text{合} \\ (\text{快速移动}) \end{bmatrix}$$

$$\longrightarrow \text{X} - \frac{38}{52} - \text{XI} - \frac{20}{47} - \begin{bmatrix} \frac{47}{38} - \text{XIII} - \begin{bmatrix} \frac{18}{18} - \text{XVIII} - \frac{16}{20} - M_5 \text{合} - \text{XIX}(\text{纵向进给}) \\ \frac{38}{47} - M_4 \text{合} - \text{XIV}(\text{横向进给}) \end{bmatrix} \\ M_3 \text{合} - \text{XII} - \frac{22}{27} \times \frac{27}{33} \times \frac{22}{44} - \text{XVII}(\text{垂直进给}) \end{bmatrix}$$

3.2.4   X6132 型万能升降台铣床的典型结构

1. 主轴部件

X6132 铣床主轴结构如图 3-8 所示。

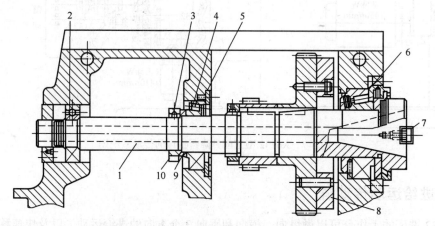

图 3-8   X6132 型万能升降台铣床主轴部件

1—主轴   2—后支承   3—旋紧螺钉   4—中间支承   5—轴承盖   6—前支承

7—端面键   8—飞轮   9—隔套   10—调整螺母

　　X6132 铣床主轴用于安装铣刀并带动其旋转，考虑到铣削力的周期变化易引起机床振动，主轴采用三支承结构以提高刚性；在靠近主轴前端安装的 z_{71} 齿轮上连接有一个大直径飞轮，以增加主轴旋转平稳性及提高抗震性。主轴为空心轴，前端有 7：24 精密锥孔，用于安装铣刀刀杆或带尾柄的铣刀，并可通过拉杆将铣刀或刀杆拉紧；前端的两个端面键块 7 嵌入铣刀柄部（或刀杆）以传递扭矩。

2. 主轴变速操纵机构

X6132 铣床主轴有 18 种转速，为 30～1 500 r/min，主轴变速采用的是孔盘变速操纵机构，靠集中控制 3 个拨叉，分别拨动轴 Ⅱ 和轴 Ⅳ 上的 3 个滑移齿轮轴向位置，起到改变啮合齿轮的传动比的变速作用，孔盘变速的原理如图 3-9 所示。

孔盘变速操纵机构主要由孔盘 4、齿条轴 2 和 2′、齿轮 3 及拨叉 1 等组成，如图 3-9（a）所示。

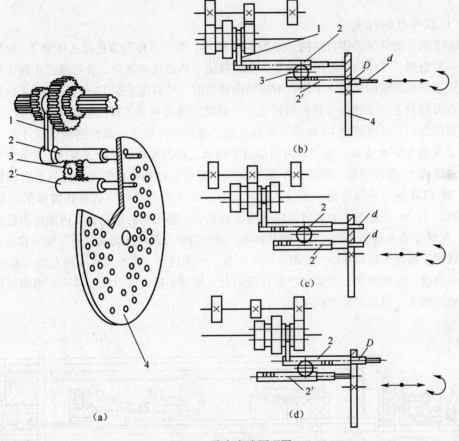

图 3-9　孔盘变速原理图

1—拨叉　2、2′—齿条轴　3—齿轮　4—孔盘

孔盘 4 上划分了几组直径不同的圆周，每个圆周又划分成 18 等分，但互相错开。根据变速时滑移齿轮不同位置的要求，这 18 个位置分别钻有大孔、小孔或未钻孔 3 种状态。齿条轴 2、2′ 上加工出直径分别为 D 和 d 的两段台肩。直径为 d 的台肩能穿过孔盘上的小孔，而直径为 D 的台肩只能穿过孔盘上的大孔。变速时，先将孔盘右移，使其退离齿条轴，然后根据变速要求，转动孔盘一定角度，最后再使孔盘左移复位。孔盘在复位时，可通过孔盘上对应齿条轴之处为大孔、小孔或无孔的不同情况，而使滑移齿轮获得 3 种不同位置，从而达到变速目的。3 种工作状态如下。

① 孔盘上对应齿条轴 2 的位置无孔，而对应齿条轴 2′ 的位置为大孔，孔盘复位时，向左顶齿条轴 2，并通过拨叉将三联滑移齿轮推到左位。齿条轴 2′ 则在齿条轴 2 及小齿轮 3 的共同

作用下右移，台肩 D 穿过孔盘上的大孔，如图 3-8（b）所示。

② 孔盘对应两齿条轴的位置均为小孔，齿条轴上的小台肩 d 穿过孔盘上小孔，两齿条轴均处于中间位置，从而通过拨叉使滑移齿轮处于中间位置，如图 3-8（c）所示。

③ 孔盘上对应齿条轴 2 的位置为大孔，对应齿条轴 2′ 的位置无孔，这时孔盘顶齿条轴 2′ 左移，从而通过齿轮 3 使齿条轴 2 的台肩穿过大孔右移，并使齿轮处于右位，如图 3-8（d）所示。

3. 工作台及顺铣机构

（1）工作台的结构

X6132 型万能铣床工作台结构，如图 3-10 所示。整个工作台部件由工作台 7、床鞍 1 及回转盘 3 三层组成。工作台 7 可沿回转盘 3 上的燕尾导轨做纵向移动，并可通过床鞍 1 与升降台相配的矩形导轨做横向移动。工作台不做横向移动时，可通过手柄 13 经偏心轴 12 的作用将床鞍夹紧在升降台上。工作台可连同回转盘，一起绕圆锥齿轮轴 XⅧ 的轴线回转 ±45°。回转盘转至所需位置后，可用螺栓 14 和两块弧形压板 2 固定在床鞍上。纵向进给丝杠 4 的一端通过滑动轴承及前支架 6 支承；另一端由圆锥滚子轴承、推力球轴承及后支架 10 支承。轴承的间隙可通过螺母 11 进行调整。回转盘左端安装有双螺母，右端装有带端面齿的空套圆锥齿轮。离合器 M_5 以花键与花键套筒 9 相连，而花键套筒 9 又以滑键 8 与铣有长键槽的进给丝杠相连。因此，当 M_5 左移与空套圆锥齿轮的端面齿啮合，轴 XⅧ 的运动就可由圆锥齿轮副、离合器 M_5、花键套筒 9 传至进给丝杠，使其转动。由于双螺母既不能转动又不能轴向移动，所以丝杠在旋转时，同时做轴向移动，从而带动工作台 7 纵向进给。进给丝杠 4 的左端空套有手轮 5，将手轮向前推，压缩弹簧，使端面齿离合器结合，便可手摇工作台纵向移动。纵向丝杠的右端有带键槽的轴头，可以安装配换挂轮。

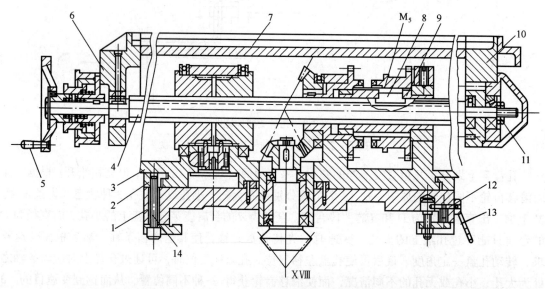

图 3-10　X6132 型万能铣床工作台结构图

1—床鞍　2—压板　3—回转盘　4—纵向进给丝杠　5—手轮　6—前支架　7—工作台

8—滑键　9—花键套筒　10—后支架　11—螺母　12—偏心轴　13—手柄　14—螺栓

（2）顺铣机构

X6132 型卧式铣床设有顺铣机构，其工作原理如图 3-11 所示。齿条 5 在弹簧 6 的作用下右移，使冠状齿轮 4 按箭头方向旋转，并通过左、右螺母 1、2 外圆的轮齿，使两者做相反方向转动，从而使螺母 1 的螺纹左侧与丝杠螺纹右侧靠紧，螺母 2 的螺纹右侧与丝杠螺纹左侧靠紧。顺铣时，丝杠的轴向力由螺母 1 承受。由于丝杠与螺母 1 之间摩擦力的作用，使螺母 1 有随丝杠转动的趋势，并通过冠形齿轮使螺母 2 产生与丝杠反向旋转的趋势，从而消除了螺母 2 与丝杠间的间隙，不会产生轴向窜动。逆铣时，丝杠的轴向力由螺母 2 承受，两者之间产生较大摩擦力，因而使螺母 2 随丝杠一起转动，从而通过冠状齿轮使螺母 1 产生与丝杠反向旋转的趋势，使螺母 1 螺纹左侧与丝杠螺纹右侧间产生间隙，减少丝杠的磨损。

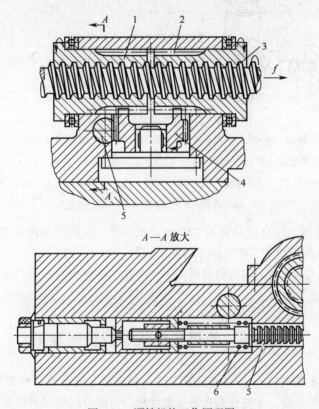

图 3-11 顺铣机构工作原理图

1—左螺母　2—右螺母　3—右旋丝杠　4—冠状齿轮　5—齿条　6—弹簧

4. 工作台纵向进给运动操纵机构

工作台纵向进给运动操纵机构的作用是控制进给电动机正、反转开关的压合和离合器 M_5 的结合，从而获得工作台的纵向进给运动。工作台纵向进给运动操纵机构如图 3-12 所示。

当手柄 23 处于中间位置时（如图 3-12 所示位置），开关 22、17 处于断开，进给电动机不转（即无动力），并且离合器 M_5 处于脱离位置，故此时工作台无纵向进给运动。

手柄 23 向右扳时，压合微动开关 17，电动机正转。同时手柄轴带动叉子 14 逆时针转过一个角度，通过销 12，使凸块 1 转动，凸块 1 的最高点 b 向上摆动，离开轴 6 的左端面，在弹簧 7 的作用力下，轴 6 左移，离合器 M_5 啮合，则纵向丝杠 7 被带动旋转，工作台一起向右移动，即工作台实现向右进给。

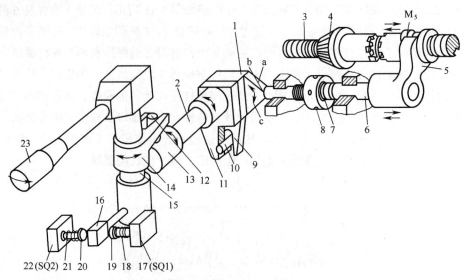

图 3-12　工作台纵向进给运动操纵机构

1—凸块　2—凸块回转轴　3—纵向丝杠　4—空套圆锥齿轮　5—拨叉　6—轴　7—弹簧　8—调整螺母

9—凸块下的拨叉　10—摆块上的销　11—摆块　12—销　13—套筒　14—叉子　15—垂直轴

16—压块　17—微动开关　18—弹簧　19—可调螺钉　20—可调螺钉

21—弹簧　22—微动开关　23—手柄

手柄 23 向左扳时，压合微动开关 22，电动机反转。而此时的离合器 M_5 仍处于结合状态（凸块 1 的最高点 b 向下摆动，离开轴 6 的左端面），故工作台向左进给。

手柄 1 有两个，一个在工作台的前面，另一个在工作台的左边，二者是联动的，以便于操作者站在不同的位置上操纵。

3.2.5　使用分度头进行铣削加工

分度头是铣床的附件之一。许多机械零件（如花键、离合器、齿轮等）在铣削时，需要利用分度头进行圆周分度，才能铣削出等分的齿槽。下面介绍使用最广泛的万能分度头的使用方法。

1. 万能分度头

目前常用的万能分度头型号有 FW125、FW250 等，其中 FW250 型万能分度头在铣床上较常使用，它的主要功用如下。

① 使工件绕分度头主轴轴线回转一定角度，以完成等分或不等分的分度工作。如使用于加工方头、六角头、花键、齿轮以及多齿刀具等。

② 通过分度头使工件的旋转与工作台丝杠的纵向进给保持一定运动关系，以加工螺旋槽、螺旋齿轮及阿基米德螺旋线凸轮等。

③ 用卡盘夹持工件，使工件轴线相对于铣床工作台倾斜一定角度，以加工与工件轴线相交成一定角度的平面、沟槽及直齿锥齿轮等。

（1）分度头结构

FW250 型万能分度头的外形和传动系统，如图 3-13 所示。分度头主轴 9 是空心的，两端均为莫氏 4 号内锥孔，前端锥孔用来安装顶尖或锥柄心轴，后端锥孔用来装交换齿轮心轴，作为差动分度及加工螺旋槽时安装交换齿轮之用。主轴的前端外部有一段定位锥体，用于与三爪自定心卡盘的连接盘（法兰盘）配合。

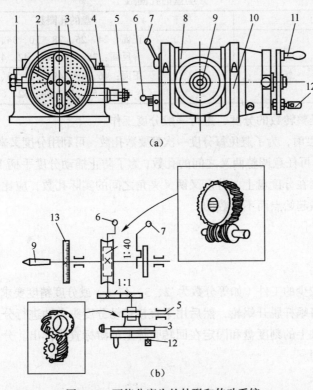

图 3-13　万能分度头的外形和传动系统

1—分度盘紧固螺钉　2—分度叉　3—分度盘　4—螺母　5—交换齿轮轴　6—蜗杆脱落手柄

7—主轴锁紧手柄　8—回转壳体　9—主轴　10—基座　11—分度手柄 K

12—分度定位销 J　13—刻度盘

装有分度蜗轮的主轴安装在回转壳体 8 内，可在分度头基座 10 的环形导轨内转动。因此，主轴除安装成水平位置外，还可在-6°～90°范围内任意倾斜，调整角度前应松开基座上部靠主轴后端的两个螺母 4，调整之后再予以紧固。主轴的前端固定着刻度盘 13，可与主轴一起转动。刻度盘上有 0°～360°的刻度线，可作分度之用。

分度盘（又称孔盘）3 上有数圈在圆周上均布的定位孔，在分度盘的左侧有一分度盘紧固螺钉 1，用以紧固分度盘，或微量调整分度盘。在分度头的左侧有两个手柄：一个是主轴锁紧手柄 7，在分度时应先松开，分度完毕后再锁紧；另一个是蜗杆脱落手柄 6，它可使蜗杆和蜗轮脱开或啮合。蜗杆和蜗轮的啮合间隙可用偏心套调整。

在分度头右侧有一个分度手柄 11，转动分度手柄时，通过一对传动比为 1/1 的直齿圆柱齿轮及一对传动比为 1/40 的蜗杆副使主轴旋转。此外，分度盘右侧还有一根安装交换齿轮用的交换齿轮轴 5，它通过一对速比为 1/1 的交错轴斜齿轮副和空套在分度手柄轴上的分度盘相联系。

分度头基座 10 下面的槽里装有两块定位键。可与铣床工作台面的 T 形槽相配合，以便在安装分度头时，使主轴轴线准确地平行于工作台的纵向进给方向。

（2）万能分度头的附件

① 分度盘：FW250 型万能分度头备有两块分度盘，正、反面都有数圈均布的孔圈，常用分度盘的孔圈见表 3-2。

表 3-2 分度盘的孔圈数

盘 块 面	盘的孔圈数
第一块盘	正面：24、25、28、30、34、37
	反面：38、39、41、42、43
第二块盘	正面：46、47、49、51、53、54
	反面：57、58、59、62、66

用分度盘解决不是整转数的分度，进行一般分度工作。

② 分度叉：在分度时，为了避免每分度一次都要数孔数，可利用分度叉来计数，见图 3-14。松开分度叉紧固螺钉，可任意调整两叉之间的孔数，为了防止摇动分度手柄 11 时带动分度叉转动，用弹簧片将它压紧在分度盘上。分度叉两叉夹角之间的实际孔数，应比所需要孔距数多一个孔，因为第一孔是做起始点而不计数的。

2. 分度方法

（1）直接分度法

在加工分度数目较少的工件（如等分数为 2、3、4、6）或分度精度要求不高时可采用直接分度法。分度时，先将蜗杆脱开蜗轮，然后用手直接转动分度头主轴进行分度。分度头主轴的转角由装在分度头主轴上的刻度盘和固定在回转壳体上的游标直接读出。分度完毕后，应用锁紧装置将分度主轴紧固。

（2）简单分度法

简单分度法是分度中最常用的一种方法。分度时，先将分度盘固定，转动手柄使蜗杆带动蜗轮旋转，从而带动主轴和工件转过所需的度（转）数。

分析图 3-14 可知，分度手柄转过 40r 时，主轴转 1r。分度手柄的转数 n 和工件圆周等分数 z 关系如下：

$$1:40 = \frac{1}{z}:n$$

$$n = \frac{40}{z}$$

上式可写成：

$$n_k = \frac{40}{z} = n + \frac{p}{q}$$

式中：n_k——分度手柄转数，单位是 r；

z——工件圆周等分数（齿数或边数）；

n——每次分度时，手柄 K 应转的整数转；

q——所选用孔盘的孔圈数；

p——分度定位销 J 在 q 个孔的孔圈上应转过的孔距数。

例 在 FW250 型分度头上用三面刃铣刀铣削六角形螺母，求每铣完一面以后，如果用简单分度法分度，手柄应摇多少转再铣下一个表面？

解： 以 $z=6$，代入下式得

$$n_k = \frac{40}{z} = \frac{40}{6} = 6\frac{2}{3} = 6\frac{16}{24}(\text{r})$$

即每铣完一面后，分度手柄应在 24 孔圈上转过 6r 又 16 个孔距（分度叉之间包含 17 个孔）。

由上例可知，当分度手柄转数带分数时，可使分子分母同时缩小或扩大一个整倍数，使最后得到的分母值为分度盘上所具有的孔圈数。

（3）差动分度法

① 差动分度原理。用简单分度法虽然可以解决大部分的分度问题，但在工作中，有时会遇到工件的等分数 z 不能与 40 相约，如 63、67、101、127 等，而分度盘上又没有这些孔圈数，因此就不能使用简单分度法，此时可采用差动分度法来解决。

差动分度法，就是在分度头主轴后面，装上交换齿轮轴 I，用交换齿轮 a、b、c、d 把主轴和侧轴 II 联系起来，如图 3-14 所示。松开分度盘紧固螺钉，当分度手柄转动的同时，分度盘随着分度手柄及定位销以相反（或相同）方向转动，因此分度手柄的实际转数是分度手柄相对分度盘与分度盘本身转数之和。

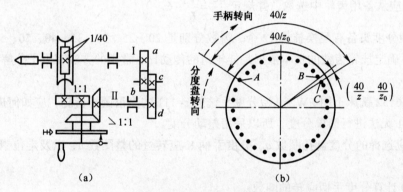

图 3-14 差动分度的传动原理及交换齿轮安装图

差动分度法的工作原理如下：设工件要求分度数为 z，且 $z>40$，则分度主轴每次应转 $1/z$ 转。这时，手柄 11 仍应转过 $40/z$ 转，即插销 J 应由 A 点转至 C 点，如图 3-14（b）所示，用 C 点定位，但因分度盘在 C 处没有相应的孔可供识辨位置，因而不能用简单分度法实现分度。为了借用分度盘上的孔圈，选取 z_0 来计算手柄的转数（z_0 应与 z 相接近，且能从分度盘上选取到相应的孔圈），则手柄转数为 $40/z_0$ 转，即插销从 A 点转至 B 点，用 B 点定位。这时如果分度盘是固定不动的，则手柄转数是 $40/z_0$ 转而不是所要求的 $40/z$ 转，其差值为（$40/z-40/z_0$）转。为补偿这一差值，使 B 点的小孔转至 C 点以供插销 J 定位。为此可用配换齿轮将分度头主轴与分度盘连接起来，在分度过程中，当插销 J 自 A 点转 $40/z$ 至 C 点时，使分度盘转过（$40/z-40/z_0$）转，使孔恰好与插销 J 对准。这时，手柄与分度盘之间的运动关系是：

$$\text{手柄转} \frac{40}{z} \text{转，分度盘转} \frac{40}{z} - \frac{40}{z_0} = \frac{40(z_0-z)}{z_0 z} \text{转}$$

运动平衡式是：

$$\frac{40}{z} \times \frac{1}{1} \times \frac{1}{40} \times \frac{a}{b} \times \frac{c}{d} \times \frac{1}{1} = \frac{40(z_0-z)}{z_0 \times z}$$

化简得换置公式是：

$$\frac{a}{b} \times \frac{c}{d} = \frac{40(z_0 - z)}{z_0}$$

式中：z——需要实现的分度数；

z_0——假定的孔盘具有的分度数。

为了便于选用配换齿轮，z_0 应选取接近于 z 的且与 40 有公因数的数值。

选取 $z_0 > z$ 时，分度手柄与分度盘的旋转方向相同，配换齿轮的传动比为正值。

选取 $z_0 < z$ 时，分度手柄与分度盘的旋转方向相反，配换齿轮的传动比为负值。

② 差动分度的应用。选取一个能用简单分度法实现的假定齿数 z_0，z_0 应与分度数 z 相接近。尽量选 $z_0 < z$，这样可使分度盘与分度手柄转向相反，避免传动中的间隙影响分度精度。

计算分度手柄应转的圈数 n_0，$n_0 = 40/z_0$，并确定所用的孔圈。

选择交换齿轮，按下式计算：

$$\frac{ac}{bd} = \frac{40(z_0 - z)}{z_0}$$

交换齿轮应从备用齿轮中选取，并规定 $\frac{ac}{bd} = \frac{1}{6} \sim 6$。

FW250 型分度头备有配换挂轮 12 个，齿数分别是 20、25、30、35、40、50、55、60、70、80、90、100；确定挂轮齿数的根本依据是挂轮组的传动比，常用的方法有因子分解法和直接查表法。

例 在 X6132 铣床上用 FW250 型分度头铣削 $z=111$ 的直齿圆柱齿轮，应如何进行分度？

解：$z=111$ 无法进行简单分度，所以采用差动分度。

① 计算应选择的分度盘孔圈数 q，分度手柄 K 应转过的整圈数 n，以及定位销 J 应转过的孔数 p：

取 $z_0=110$ 计算分度手柄应转的圈数。

$$n_0 = \frac{40}{z_0} = \frac{40}{110} = \frac{4}{11} = \frac{24}{66}(\text{r}) \qquad （分度手柄 K 应转过的整圈数 n=0）$$

即每次分度，分度手柄 J 带动定位销 J 在孔盘孔数为 66 的孔圈上转过 24 个孔距。

② 计算交换齿轮齿数：

$$\frac{ac}{bd} = \frac{40 \times (z_0 - z)}{z_0} = \frac{40 \times (110 - 111)}{110} = -\frac{40}{110} = -\frac{25}{55} \times \frac{40}{50}$$

即 $a=25$、$b=55$、$c=40$、$d=50$。

3. 利用分度头铣螺旋槽

（1）螺旋线的基本概念

在机器制造中，经常碰到带螺旋线的零件，例如，斜齿圆柱齿轮、麻花钻沟槽、螺旋齿铣刀等。它们的作用虽然不同，但螺旋线（槽）的形成原理却都相同。

如图 3-15 所示，将一个三角形的薄纸片 ABC，在直径为 D 的圆柱体上绕一整周时，斜边 AB 在圆柱体上形成的曲线就是螺旋线。当斜边 AB 由左下方绕向右上方时，称右旋螺旋线；当斜边 AB 由右下方绕向左上方时，称左旋螺旋线。

沿螺旋线走一周,在轴线方向所移动的距离,叫做导程,用 L 表示。螺旋线的切线与圆柱体轴线所夹的锐角叫做螺旋角,用 β 表示。螺旋线的切线和圆柱端面所夹的角叫导程角,用 λ 表示。它们的关系为:

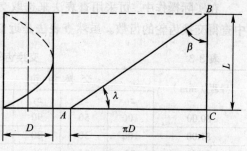

图 3-15 螺旋线形成原理

D—直径 λ—导程角 β—螺旋角 L—导程

$$\lambda + \beta = 90°$$

$$L = \pi D \cot \beta = \pi D / \tan \beta$$

有时,在圆柱体上有两条或更多的在圆周上等分的螺旋线,则称之为多线螺旋线,常用的麻花钻和键槽铣刀就是双线螺旋线的工件,而斜齿圆柱齿轮则是多线螺旋线工件。

(2)螺旋槽的加工形成原理

要在 X6132 铣床上加工出规定导程的螺旋槽,必须使圆柱体工件在做等速转动的同时,还要沿着自己的轴线做等速直线移动。根据螺旋槽形成的原理,要铣削出螺旋槽,必须把工件的等角速转动和等速直线移动联系起来,所以要在工作台纵向进给丝杠和分度头侧轴间配置一套交换齿轮,如图 3-16 所示,要实现工件每转 1 转时,工作台都必须纵向移动 1 个导程距离 L。

如果要铣削多线螺旋槽,在铣完一条槽后,还必须把工件转过 1r/z 进行分度后,再铣削下一条槽。

用盘形铣刀铣削时,铣刀的旋转平面必须与螺旋槽切线的方向一致。这样才能使铣刀的截形和螺旋槽的截形一致。因此,必须把万能铣床的工作台转动 1 个螺旋角 β,工作台的转动方向和转动角度视螺旋槽的方向和角度而定:铣削左螺旋槽时,工作台顺时针转动 1 个螺旋角 β;铣削右螺旋槽时,工作台逆时针转动 1 个螺旋角 β,如图 3-16 所示。

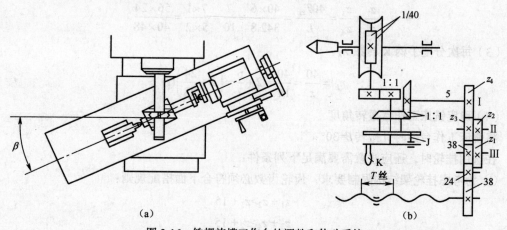

(a)   (b)

图 3-16 铣螺旋槽工作台的调整和传动系统

(3)铣螺旋槽的调整计算

由图 3-16(b)中的传动关系可知:

$$\frac{L}{T_{丝}} \times \frac{38}{24} \times \frac{24}{38} \times \frac{z_1}{z_2} \times \frac{z_3}{z_4} \times \frac{1}{1} \times \frac{1}{1} \times \frac{1}{40} = 1$$

齿轮换置公式:

$$\frac{z_1}{z_2} \times \frac{z_3}{z_4} = \frac{40 T_{丝}}{L}$$

在实际操作中，可采用查表法来选取交换齿轮。根据先计算出工件螺旋槽的导程，从表 3-3 中查得交换齿轮的齿数。虽然查表法是近似的，但在一般情况下可以满足精度要求。

表 3-3   交换齿轮齿数表（部分）

导程（mm）	交换齿轮				导程（mm）	交换齿轮			
	z_1	z_2	z_3	z_4		z_1	z_2	z_3	z_4
80.00	100	50	90	60	82.50	100	50	80	55
81.00	100	30	80	90	83.33	60	25	30	25
81.67	90	35	80	70	83.81	90	40	70	55
81.82	80	25	55	60	84.00	100	90	80	70
82.29	100	30	70	80	84.85	90	25	55	70

例 1   用 FW250 型万能分度头加工一条螺旋槽，已知其导程 $L=81.67$mm，试确定交换齿轮。

解： 查表 3-3 可知

$$\frac{z_1}{z_2} \times \frac{z_3}{z_4} = \frac{90}{35} \times \frac{80}{70}$$

即 $z_1=90$，$z_2=35$，$z_3=80$，$z_4=70$

例 2   在 X6132 铣床上，用 FW250 型万能分度头，加工右螺旋齿圆柱铣刀的容屑槽，其外径 $D=63$mm，螺旋角 $\beta=30°$，齿数 $z=14$，已知机床丝杠导程 $T_{丝}=6$ mm。试进行铣床及分度头的调整计算。

解：

（1）计算工件导程 T

$$L = \pi D / \tan\beta = 3.14 \times 63 / 0.57735 = 342.8 \text{(mm)}$$

（2）计算配换齿轮齿数

$$\frac{z_1}{z_2} \times \frac{z_3}{z_4} = \frac{40T_{丝}}{L} = \frac{40 \times 6}{342.8} \approx \frac{7}{10} = \frac{7 \times 1}{5 \times 2} = \frac{56 \times 24}{40 \times 48}$$

（3）每次分度手柄 K 转数 n_k

$$n_k = \frac{40}{z} = \frac{40}{14} = 2 + \frac{6}{7} = \left(2 + \frac{24}{28}\right)\text{(r)}$$

（4）确定铣床工作台搬转角度

将铣床工作台逆时针搬转 $\beta=30°$。

在选用挂轮时，还应注意需要满足下列条件：

① 为考虑挂轮架结构限制要求，齿轮齿数必须符合下面搭配规则：

$$z_1 + z_2 > z_3 + 15$$
$$z_3 + z_4 > z_2 + 15$$

② 应保证由于挂轮传动比误差而引起的零件精度误差在允许范围内。

小 结

铣床是用铣刀对工件进行铣削加工的机床。铣床除能铣削平面、沟槽、轮齿、螺纹和花键轴外，还能加工比较复杂的型面，效率较高，在机械制造和修理部门得到广泛应用。

铣床工作时的主运动是主轴部件带动铣刀的旋转运动，进给运动是由工作台在 3 个互相垂直方向的直线运动来实现的。

X6132 为卧式万能升降台铣床，其主轴轴线平行于工作台面，主要由床身、横梁、主轴、工作台、升降台、底座组成。孔盘变速机构是典型的集中变速机构，顺铣机构能够减少丝杠的磨损。

万能分度头能够实现铣削方头、六角头、直齿圆柱齿轮、键槽、花键以及完成等分或不等分的分度工作；铣削各种螺旋表面、阿基米德旋线凸轮等；还可以铣削与工件轴线相交成一定角度的沟槽、平面、直齿锥齿轮、齿轮离合器等。它是重要的铣床附件。

习 题

1. 简述铣削加工的切削运动特点，铣削加工范围及铣削加工精度。

2. X6132 型万能升降台铣床主要有哪几部分组成，并简述各部分的作用。

3. X6132 型万能升降台铣床的传动系统中有哪几条传动链？各传动链的作用是什么？

4. 简述孔盘变速机构的工作原理。

5. 简述顺铣机构工作原理。

6. FW250 分度头的用途有哪些？拟铣削齿数 z 分别为为 26、44、101 直齿圆柱齿轮，试进行分度头调整计算。

第4章

钻削与镗削加工

【学习目标】

1. 掌握钻削加工方法、钻削加工运动，了解钻削加工刀具，掌握钻削加工特点和加工范围
2. 掌握钻床的种类、功用及主要组成，熟悉 Z3040 摇臂钻床的传动部件及主轴部件结构
3. 掌握镗削加工方法及特点，了解镗刀的结构与安装
4. 掌握常见的几种镗床的用途与特点，熟悉 TP619 型卧式铣镗床的结构、主轴部件的结构及平旋盘的使用

钻削加工和镗削加工都是孔加工的方法，但是它们的加工范围和加工特点有很大的不同。

4.1

钻削加工

4.1.1 钻削加工方法

钻削加工方法是指在钻床上用钻头在实心工件上加工孔的方法。

钻削加工时，一般情况下，工件不动，孔加工刀具要同时完成两个运动，即主运动——刀具绕轴线的旋转运动、进给运动——刀具沿轴线方向的直线运动，如图 4-1 所示。

钻削主要用来加工形状较复杂、没有对称回转轴线的工件上的孔，如箱体、机架等零件上的孔。钻削除钻孔、扩孔、铰孔外，还可进行攻螺纹、钻埋头孔（锪孔）、刮平面等。如图 4-2 所示。

钻削加工的特点有以下几点。

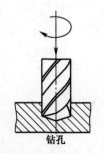

钻孔

图 4-1　钻削加工运动

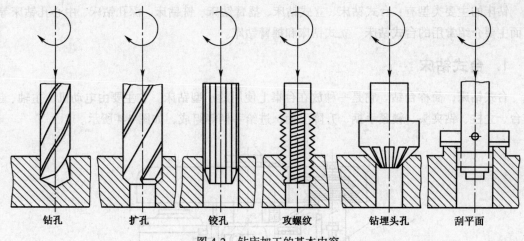

图 4-2　钻床加工的基本内容

① 由于钻头的两条主切削刃对称分布于轴线两侧，如图 4-3（b）所示，所以切削过程中所受的径向力相互抵消。

② 金属切削率高，切削深度是孔径的一半。

③ 由于钻削是在实心工件上加工孔，排屑和散热都较困难，且切屑易划伤孔壁，所以钻出的孔表面质量较差，精度较低。但是可通过钻孔—扩孔—铰孔的工艺手段，加工精度要求较高的孔，如图 4-2 所示。钻孔时所能达到的尺寸精度一般为 IT12 ~ IT11，表面粗糙度值 R_a 为 6.3 ~ 50μm；扩孔的尺寸精度为 IT10 ~ IT9，表面粗糙度值 R_a 为 3.2 ~ 6.3μm；铰孔的尺寸精度为 IT8 ~ IT7，表面粗糙度值 R_a 为 0.2 ~ 3.2μm。

④ 利用夹具还可加工有相互位置精度要求的孔系。

孔加工的刀具主要是麻花钻。麻花钻主要由柄部、颈部、工作部分等组成，如图 4-3（a）所示。其中柄部用于夹持、定心和传递扭矩。颈部上标注钻头直径、材料牌号、商标等。工作部分由切削部分和导向部分组成。其中，导向部分由 2 条螺旋槽和 2 条韧带组成，在切削时起引导钻头方向的作用。切削部分主要是由刀尖、横刃、2 个主切削刃、2 个副切削刃等组成，如图 4-3（b）所示。

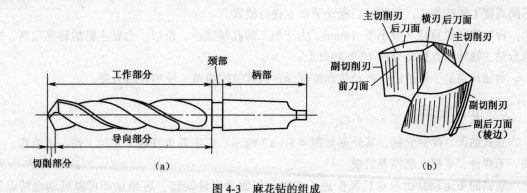

图 4-3　麻花钻的组成

4.1.2　钻削加工设备

钻床是加工孔的主要加工设备。钻床的主参数一般为最大钻孔直径。

钻床的主要类型有：台式钻床、立式钻床、摇臂钻床、铣钻床、深孔钻床、中心孔钻床等，下面主要介绍常用的台式钻床、立式钻床和摇臂钻床。

1．台式钻床

台式钻床，简称台钻。它是一种放在台桌上使用的小型钻床。它主要由电动机、主轴、工作台、立柱、钻夹头、锁紧手柄、升降手柄、进给手柄等组成，如图 4-4 所示。

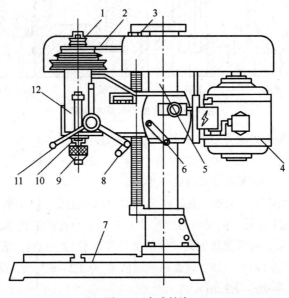

图 4-4　台式钻床

1—塔轮　2—V 型带　3—丝杠架　4—电动机　5—立柱　6—锁紧手柄　7—工作台
8—升降手柄　9—钻夹头　10—主轴　11—进给手柄　12—主轴架

钻孔时，钻头装在钻夹头 9 内，钻夹头装在主轴 10 的锥体上。电动机 4 通过一对五级塔轮 1 和 V 型带 2，使主轴获得 5 种转速。扳动进给手柄 11 可使主轴上下运动。工件安放在工作台 7 上，松开缩紧手柄 6，摇动升降手柄 8 就可以使主轴架 12 沿立柱 5 上升或下降，以适应不同高度工件的加工，调整好后搬动手柄 6 进行锁紧。

台钻的钻孔直径一般小于 16mm。由于加工的孔径很小，所以，台钻主轴的转速很高，有的台钻主轴转速竟达每分钟 10 万转以上。

台钻通常是手动进给，自动化程度较低，但其结构简单，使用灵活方便。

2．立式钻床

立式钻床，简称立钻，其外形如图 4-5（a）所示。它主要由变速（主轴）箱、进给箱、主轴、工作台、立柱、底座等组成。

立钻的主运动是由电动机经变速（主轴）箱驱动主轴旋转，进给运动可以机动也可以手动。机动进给，是由进给箱传来的运动通过小齿轮驱动主轴套筒上的齿条，使主轴随着套筒齿条做轴向进给运动，如图 4-5（b）所示；手动进给，当断开机动进给时，扳动手柄，使小齿轮旋转，从而带动齿条上下移动，完成手动进给。进给箱和工作台可沿立柱的导轨调整上下位置，以适应不同高度工件的加工。

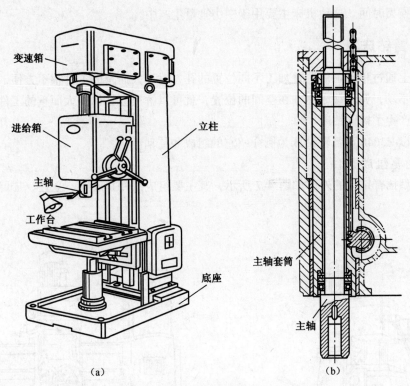

（a）　　　　　　　　　　　　（b）

图 4-5　立式钻床

在立钻上，加工完一个孔后再钻另一个孔时，需要移动工件，使刀具与另一个孔对准，对于大而重的工件，操作很不方便。因此，立钻仅适用于在单件、小批生产中加工中小型零件。

Z535 型立式钻床的主要技术参数见表 4-1。

表 4-1　　　　　　　　　　　　Z535 型立式钻床的主要技术参数

最大钻孔直径	35 mm
主电机功率	4 kW
主轴锥孔	莫氏 4 号
主轴转速	68～1 100 r/min（9 种）
进给量	0.11～1.6 mm/r（11 种）
工作台面积	450 mm×500 mm
主轴轴端至工作台面的最大距离	750 mm

立钻除上述的基本品种外，还有一些变型品种，较常用的有可调式多轴立钻和排式多轴立钻。

可调式多轴立钻如图 4-6 所示，主轴箱上装有很多主轴，其轴心线位置可根据被加工孔的位置进行调整。加工时，主轴箱带着全部主轴对工件进行多孔同时加工，生产率较高。

排式多轴立钻相当于几台单轴立钻的组合，它的各个主轴可以顺次地加工同一工件的不同孔径或分别进行各种孔的加工，如钻、扩、铰、攻螺纹等。由于这种机床加工时是一个孔一个孔地加工，而不是多孔同时加工，所以它没有可调式多轴立钻的生产率高，但它与单轴立钻相比，可节省换刀时间。这种机床主要用于中小批量生产中。

3. 摇臂钻床

在立钻上通过移动工件位置加工不同位置的孔，对于大而重的工件很不方便，既费时又费力。若工件不动，调整钻床主轴在空间的位置，就可以解决立钻加工大而重的工件不方便的问题，于是就产生了摇臂钻床。

下面就以 Z3040 型摇臂钻床为例介绍它的组成和传动。

（1）主要组成部件

Z3040 型摇臂钻床的外形如图 4-7 所示，其主要组成部件是底座、立柱、摇臂、主轴箱、工作台等。

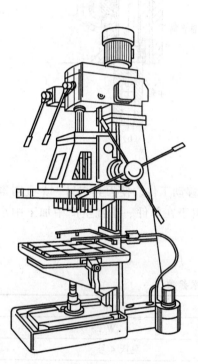

图 4-6 可调式多轴立式钻床

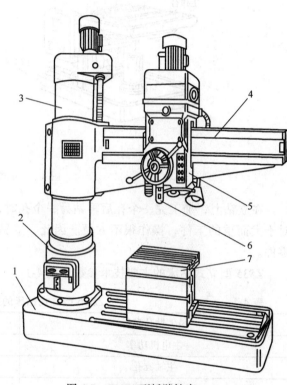

图 4-7 Z3040 型摇臂钻床

1—底座 2—内立柱 3—外立柱 4—摇臂 5—主轴箱

6—主轴 7—工作台

工件和夹具可安装在底座 1 或工作台 7 上。立柱为双层结构，内立柱 2 安装于底座上，外立柱 3 可绕内立柱 2 转动，并可带着夹紧在其上的摇臂 4 摆动。主轴箱 5 可在摇臂水平导轨上移动。通过摇臂和主轴箱的上述运动，可以方便地在一个扇形面内调整主轴 6 至被加工孔的位置。另外，摇臂 4 可沿立柱 3 轴向上下移动，以调整主轴箱及刀具的高度。

（2）传动系统

摇臂钻床具有 5 个运动：主轴旋转、主轴轴向进给、主轴箱沿摇臂水平导轨的移动、摇臂的摆动和摇臂沿立柱的升降等。前 2 个运动为表面成形运动，后 3 个运动为调整位置的辅助运动。

Z3040 型摇臂钻床的传动系统如图 4-8 所示。

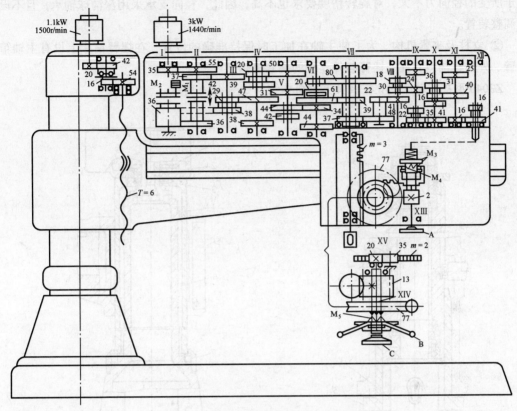

图 4-8　Z3040 型摇臂钻床传动系统图

M_1、M_2、M_3、M_4、M_5—离合器　A、B、C—手轮　T—导程

① 主运动。此传动链从电动机（1 440 r/min，3 kW）开始，到主轴Ⅶ为止。经过 3 组双联滑移齿轮变速和Ⅵ轴上的齿轮式离合器（20/61）变速机构驱动主轴旋转。利用Ⅱ轴上的液压双向片式摩擦离合器 M_1 来控制主轴的开停和正反转，当 M_1 断开时，M_2 使主轴实现制动。主轴可获得 16 级转速，其变速范围为 25～2 000 r/min。

② 进给运动。此传动链由主轴Ⅶ上的齿轮 37 开始至套筒齿条为止。经过 4 组双联滑移齿轮变速及离合器 M_3、M_4，蜗轮副 2/77、齿轮 13 到齿条套筒，带动主轴做轴向进给运动，可获得 16 级进给量，其范围为 0.04～3.2 mm/r。

③ 辅助运动。主轴箱沿摇臂上的导轨做径向移动。外立柱绕内立柱在 ±180° 范围内的回转运动，都是手动实现的；摇臂沿外立柱的上下移动，是用辅助电动机（1 500 r/min，1.1 kW）经齿轮副传动至丝杠（$T=6$）旋转而得到。可见，摇臂钻床主轴可在空间任意位置停留，以适应大型零件多孔位加工的需要。

（3）Z3040 型摇臂钻床的主要结构

① 主轴组件。如图 4-9 所示，由于摇臂钻床的主轴在加工时既做旋转主运动，又做轴向进给运动，所以主轴需用轴承支承在主轴套筒 2 内，主轴套筒 2 又装在主轴箱体的镶套 5 中，由齿轮齿条机构 4 传动，带动主轴做轴向进给运动。主轴的旋转主运动由主轴尾部花键经齿轮传入。

钻床加工时主轴受有较大的轴向力,所以轴向支承采用推力球轴承,用螺母3调整间隙。由于所受的径向力不大,对旋转精度要求也不高,因此,径向支承采用深沟球轴承,且不设间隙调整装置。

②立柱及夹紧机构。为了使主轴在加工时保持准确的位置,在摇臂钻床上设有主轴箱与摇臂、外立柱与内立柱、摇臂与外立柱的夹紧机构。

Z3040型摇臂钻床的立柱及其夹紧机构结构如图4-10所示。

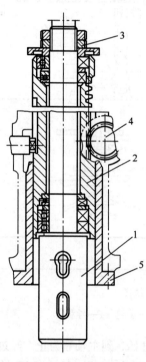

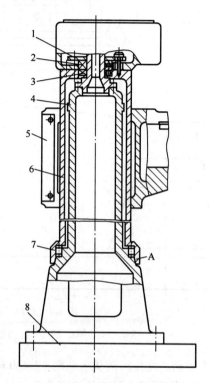

图4-9 Z3040型摇臂钻床主轴组件

1—主轴 2—主轴套筒 3—螺母

4—齿轮齿条 5—镶套

图4-10 Z3040型摇臂钻床立柱及夹紧机构

1—平板弹簧 2—推力球轴承 3—深沟球轴承 4—内立柱

5—摇臂 6—外立柱 7—滚柱链 8—底座 A—圆锥面

当内外立柱未夹紧时,外立柱6通过上部的深沟球轴承3和推力球轴承2及下部的滚柱7支承在内立柱上,并在平板弹簧1的作用下,向上抬起约0.2~0.3 mm的距离,使内外立柱间的圆锥面A脱离接触,因此摇臂可以轻便地转动。

当摇臂转到需要位置以后,内外立柱间采用液压菱形块夹紧机构夹紧。其原理为:液压缸右腔通高压油,推动活塞左移,使上下菱形块径向移动。上菱形块通过垫板、支架、球面垫圈及螺母作用在内立柱上,下菱形块通过垫板作用在外立柱上。因为内立柱固定不动,只有外立柱依靠平板弹簧的变形下移,并压紧在圆锥面上,依靠摩擦力将外立柱紧固在内立柱4上。

摇臂钻床广泛应用于单件和中小批生产中加工大、中型零件。

(4)Z3040型摇臂钻床的主要技术参数

Z3040型摇臂钻床的主要技术参数见表4-2。

表 4-2	Z3040 型摇臂钻床的主要技术参数
项　目	规　格
主轴锥孔	莫氏 4 号
主轴转速级数	16
主轴转速范围	25 ~ 2 000 r/min
工作台尺寸	500 mm×630 mm
主轴行程	315 mm
主轴进给量范围	0.04 ~ 3.20 mm/r
主轴进给量级数	16
主轴箱水平移动距离	900 mm
最大钻孔直径	40 mm
主轴中心线至立柱母线最大距离	1 250 mm
主轴中心线至立柱母线最小距离	350 mm
主轴端面至底座工作面最大距离	1 250 mm
主轴端面至底座工作面最小距离	350 mm
主电机功率	3 kW

4.2 镗削加工

4.2.1 镗削加工方法

镗削加工是在镗床上用镗刀对工件上较大的孔进行半精加工、精加工的方法。

镗削加工时，主运动为刀具的旋转运动，进给运动则根据机床类型和加工情况由刀具或由工件来完成。

镗削加工的工艺范围较广，镗削加工主要用于加工尺寸大、精度要求较高的孔，特别适用于加工分布在不同位置上，孔距精度、相互位置精度要求很高的孔系，如箱体或大型工件的孔及孔系。除镗孔外，镗床还可完成钻孔、扩孔、铰孔、锪、铣平面、镗盲孔、镗孔的端面、镗螺纹等工作，如图 4-11 所示。

镗削加工的特点如下。

① 镗削加工灵活性大，适应性强。

② 镗削加工操作技术要求高。

③ 镗刀结构简单，刃磨方便，成本低。

④ 镗孔可修正上一工序所产生的孔的轴线位置误差，保证孔的位置精度。

⑤ 镗孔精度为 IT7 ~ IT6 级，孔距精度可达 0.015mm，表面粗糙度值 R_a 为 1.6 ~ 0.8μm。

镗刀是镗削加工中使用的切削刀具，常用镗刀有单刃镗刀和双刃镗刀两种类型。

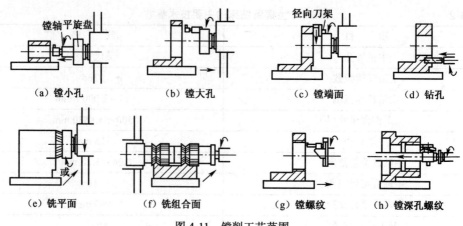

（a）镗小孔　　　　（b）镗大孔　　　　（c）镗端面　　　　（d）钻孔

（e）铣平面　　　（f）铣组合面　　　（g）镗螺纹　　　（h）镗深孔螺纹

图 4-11　镗削工艺范围

1. 单刃镗刀

镗盲孔用的单刃盲孔镗刀，如图 4-12（a）所示。镗通孔用的单刃通孔镗刀，如图 4-12（b）所示。

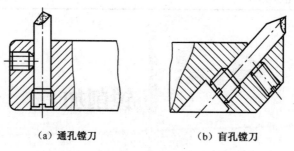

（a）通孔镗刀　　　　　　　　（b）盲孔镗刀

图 4-12　单刃镗刀

2. 双刃镗刀

双刃镗刀就是镗刀的两端有一对对称的切削刃同时参与切削，切削时可以消除径向切削力对镗杆的影响，工件孔径的尺寸精度由镗刀来保证。双刃镗刀分为固定式和浮动式两种。

固定式镗刀块及其安装如图 4-13 所示。

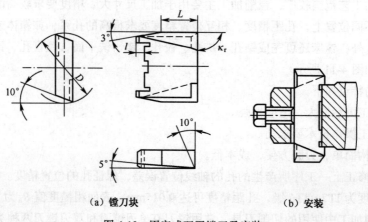

（a）镗刀块　　　　　　　　　　（b）安装

图 4-13　固定式双刃镗刀及安装

浮动式镗刀结构如图 4-14 所示。其镗刀块以间隙配合装入镗杆的方孔中，无需夹紧，而是靠切削时作用于两侧切削刃上的切削力来自动平衡定位，因而能自动补偿由于镗刀块安装误差和镗杆径向圆跳动所产生的加工误差。用该镗刀加工出的孔径精度可达 IT7 ~ IT6，表面粗糙度 R_a 为 1.6 ~ 0.4μm。缺点是无法纠正孔的直线度误差和相互位置误差。

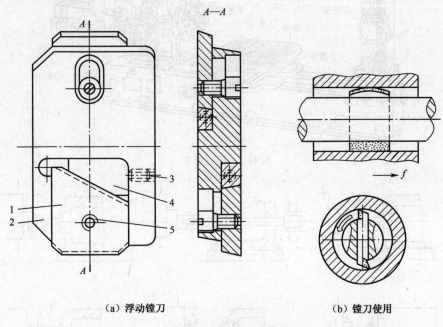

（a）浮动镗刀 　　　　　　　　　（b）镗刀使用

图 4-14　浮动镗刀及使用

1—刀片　2—刀体　3—调节螺钉　4—斜面垫板　5—加紧螺钉

4.2.2　镗削加工设备

镗床是镗削加工所使用的设备。镗床的主参数用镗轴直径、工作台宽度或最大镗孔直径来表示。

1. 镗床分类

镗床的主要类型有：卧式铣镗床、立式镗床、坐标镗床及精镗床。

（1）卧式镗床

卧式镗床主要由主轴箱，工作台，平旋盘，前、后立柱等组成，如图 4-15 所示。

卧式镗床的工艺范围非常广泛，其典型加工方法如图 4-16 所示。

① 利用装在镗轴上的悬伸刀杆镗刀镗孔，如图 4-16（a）所示。

② 利用后立柱支承长刀杆镗刀镗削同一轴线上的孔，如图 4-16（b）所示。

③ 利用装在平旋盘上的悬伸刀杆镗刀镗削大直径孔，如图 4-16（c）所示。

④ 利用装在镗轴上的端铣刀铣平面，如图 4-16（d）所示。

⑤ 利用装在平旋盘刀具溜板上的车刀车内沟槽和端面，分别如图 4-16（e）和图 4-16（f）所示。

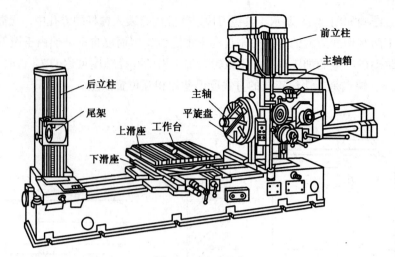

图 4-15　卧式镗床

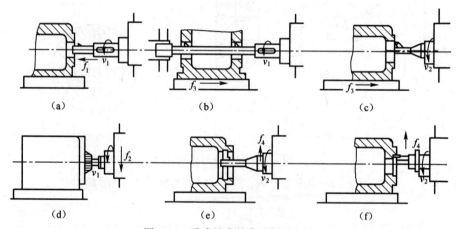

图 4-16　卧式镗床的典型加工方法

（2）坐标镗床

坐标镗床是一种高精度机床，刚性和抗振性很好，还具有工作台、主轴箱等运动部件的精密坐标测量装置，能实现工件和刀具的精密定位。所以，坐标镗床加工的尺寸精度和形位精度都很高。主要用于单件小批生产条件下对夹具的精密孔、孔系和模具零件的加工，也可用于成批生产时对各类箱体、缸体和机体的精密孔系进行加工。

坐标镗床分为单柱坐标镗床和双柱坐标镗床，分别如图4-17和图4-18所示。

（3）精镗床

精镗床是一种高速镗床，如图4-19所示。因采用金刚石作为刀具材料而得名金刚镗床。现在则采用硬质合金作为刀具材料，一般采用较高的速度，较小的切削深度和进给量进行切削加工，加工精度较高。主要用在成批或大量生产中加工中小型精密孔。

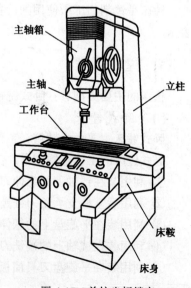

图 4-17　单柱坐标镗床

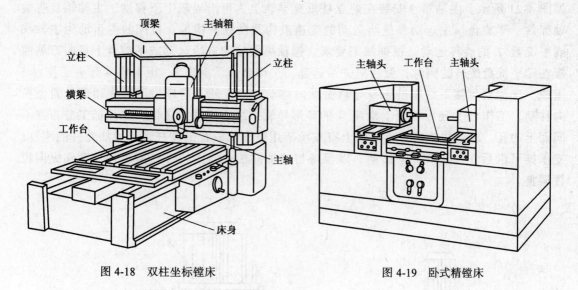

图 4-18 双柱坐标镗床

图 4-19 卧式精镗床

精镗床的主轴布局有 4 种形式，如图 4-20 所示。

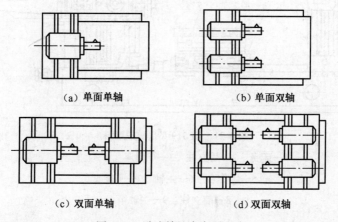

（a）单面单轴

（b）单面双轴

（c）双面单轴

（d）双面双轴

图 4-20 卧式精镗床布局形式

2. TP619 型卧式镗铣床

卧式镗铣床的工艺范围很宽，除镗孔外，还可钻孔、扩孔和铰孔；可铣削平面、成形面及各种沟槽；还可在平旋盘上安装车刀车削端面、短圆柱面、内外环形槽及内外螺纹等。因此，工件安装在卧式镗铣床上，往往可完成大部分，甚至全部加工工序。卧式镗铣床特别适合于加工形状、位置要求严格的孔系，因而常用来加工尺寸较大、形状复杂，具有孔系的箱体、机架、床身等零件。

TP619 型卧式镗铣床是具有固定平旋盘的镗铣床。

TP619 机床主参数：镗轴直径为 90mm；工作台工作面积为 1 100mm×950 mm；主轴最大行程为 1 630 mm；平旋盘径向刀架最大行程为 160mm。

（1）主要组成部件及其运动

TP619 型卧式铣镗床由床身、主轴箱、工作台、平旋盘、前立柱、后立柱等组成，如图 4-21 所示。主轴箱 9 安装在前立柱垂直导轨上，可沿导轨上下移动。主轴箱装有主轴部件、平旋盘、主运动和进给运动的变速机构及操纵机构等。机床的主运动为主轴 6 或平旋盘 7 的旋转运动。根据加工要求，镗轴可做轴向进给运动或平旋盘上径向刀具溜板在随平旋盘旋转的同时，做径向进给运动。工作台由下滑座 3、上滑座 4 和上工作台 5 组成。工作台可随下滑座沿床身导轨做纵向移动，也可随上滑座沿下滑座顶部导轨做横向移动。工作台 5 还可在沿上滑座 4 的环形导轨上绕垂直轴线转位，以便加工分布在不同面上的孔。后立柱 2 的垂直导轨上有支承架用以支承较长的镗杆，以增加镗杆的刚性。支承架可沿后立柱导轨上下移动，以保持与镗轴同轴；后立柱可根据镗杆长度作纵向位置调整。

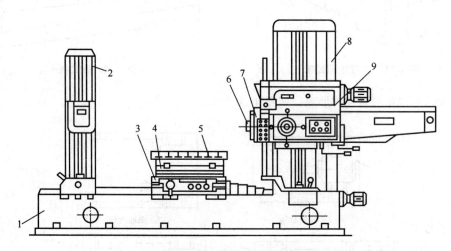

图 4-21　TP619 型卧式铣镗床

1—床身　2—后立柱　3—下滑座　4—上滑座

5—工作台　6—主轴　7—平旋盘

8—前立柱　9—主轴箱

由此可见，卧式镗铣床可根据加工情况，做以下工作运动：镗轴和平旋盘的旋转主运动，镗轴的轴向进给运动，平旋盘刀具溜板的径向进给运动，主轴箱的垂直进给运动，工作台的纵、横向进给运动。机床还可做以下辅助运动：工作台纵、横向及主轴箱垂直方向的调位移动，工作台转位，后立柱的纵向及后支承架的垂直方向的调位移动。

（2）机床的传动系统

① 主运动。TP619 型卧式铣镗床的传动系统如图 4-22 所示，主电动机的运动经由轴Ⅰ—Ⅴ间的几组变速组传至轴Ⅴ后，可分别由轴Ⅴ上的滑移齿轮 z_{24} 或滑移齿轮 z_{17} 将运动传向主轴或平旋盘。

TP619 型卧式铣镗床在主传动系统中采用了一个多轴变速组（轴Ⅲ—Ⅴ间），该变速组由安装在轴Ⅲ上固定齿轮 z_{52}，固定宽齿轮 z_{21}，安装在轴Ⅳ上的三联滑移齿轮，安装在轴Ⅴ上的固定齿轮 z_{62} 及固定宽齿轮 z_{35} 等组成。当三联滑移齿轮处于图示中间位置时，变速组传动比为 $21/50 \times 50/35$；当滑移齿轮处于左边位置时，传动比为 $21/50 \times 22/62$；当滑移齿轮处于右边位置时，传动比为 $52/21 \times 50/35$。可见该变速组共有 3 种不同传动比。

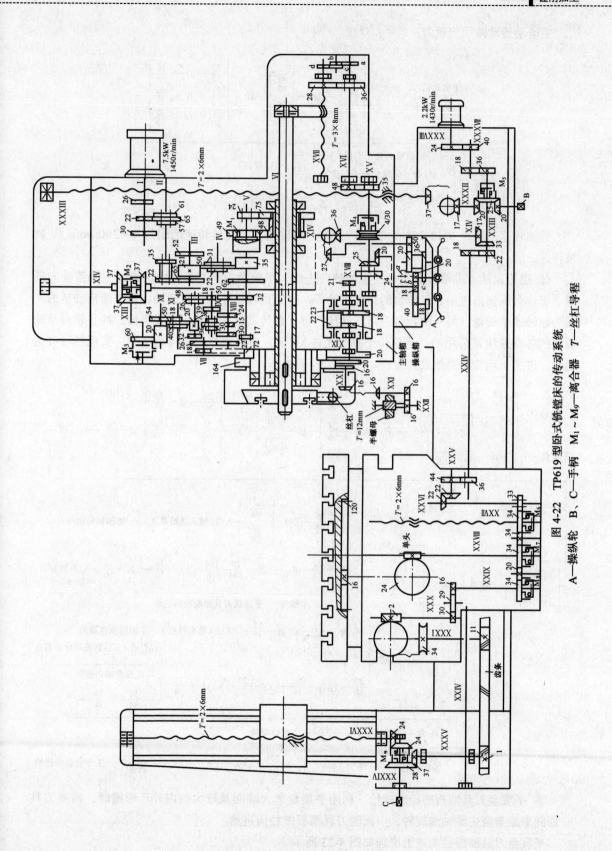

图 4-22　TP619 型卧式铣镗床的传动系统

A—操纵轮　B、C—手柄　$M_1 \sim M_9$—离合器　T—丝杠导程

主运动传动路线表达为：

$$\text{主电动机} \atop {7.5\text{kW} \atop 1450\text{r/min}} - \text{I} - \begin{bmatrix} \dfrac{26}{61} \\ \dfrac{22}{65} \\ \dfrac{30}{57} \end{bmatrix} - \text{II} - \begin{bmatrix} \dfrac{22}{65} \\ \dfrac{35}{52} \end{bmatrix} - \text{III} - \begin{bmatrix} \dfrac{52}{31} - \text{IV} - \dfrac{50}{35} \\ \dfrac{21}{50} - \text{IV} - \dfrac{50}{35} \\ \dfrac{21}{50} - \text{IV} - \dfrac{22}{62} \end{bmatrix}$$

$$\text{V} - \begin{bmatrix} \dfrac{24}{75}（\text{齿轮 K 处于右位}） \\ M_1\text{合}（\text{齿轮 K 处于左位}）- \dfrac{49}{48} \\ \text{齿轮 H 左移} - \dfrac{17}{22} \times \dfrac{22}{26} - \text{VII} - \dfrac{18}{72} - \text{平旋盘} \end{bmatrix} - \text{VI（镗轴）}$$

镗轴转速范围为 8 ～ 1 250 r/min 共 23 级不同转速，平旋盘转速范围为 4 ～ 200r/min 共 18 级转速。

② 进给运动。进给运动包括：镗轴轴向进给、平旋盘刀具溜板径向进给、主轴箱垂向进给、工作台纵横向进给、工作台的圆周进给等。进给运动由主电动机驱动，各进给传动链的一端为镗轴或平旋盘，另一端为各进给运动执行件。各传动链采用公用换置机构，即自轴Ⅷ至轴Ⅻ间的各变速组是公用的，运动传至垂直光杠ⅩⅣ后，再经由不同的传动路线，实现各种进给运动。进给运动传动路线表达为：

$$\text{镗轴VI} \begin{bmatrix} \dfrac{75}{24} \\ \dfrac{48}{49} - M_1 \end{bmatrix}$$
$$\text{平旋盘} - \dfrac{72}{18} - \text{VII} - \dfrac{26}{22} \times \dfrac{22}{17}$$
$$- \text{V} - \dfrac{32}{50} - \text{VIII} - \begin{bmatrix} \dfrac{15}{36} \\ \dfrac{24}{36} \\ \dfrac{30}{30} \end{bmatrix} - \text{IX} - \begin{bmatrix} \dfrac{18}{48} \\ \dfrac{39}{26} \end{bmatrix} - \text{X} - \begin{bmatrix} \dfrac{20}{50} - \text{XI} - \dfrac{18}{54} \\ \dfrac{20}{50} - \text{XI} - \dfrac{50}{20} \\ \dfrac{32}{40} - \text{XI} - \dfrac{50}{20} \end{bmatrix} - \text{XII} - \dfrac{20}{60} - M_3 - \text{XIII}$$

$$\begin{bmatrix} \dfrac{37}{37} - M_2 \uparrow \\ （\text{换向}） \\ \dfrac{37}{37} - M_2 \downarrow \end{bmatrix} - \text{XIV（垂直光杠）}$$

$$\dfrac{4}{30} - M_4 \text{合} - \text{XV} - \begin{bmatrix} \dfrac{35}{48} - \text{XVI} - \begin{bmatrix} \dfrac{ac}{bd} \\ \dfrac{36}{28} \end{bmatrix} - \text{XVII（轴向进给丝杠）} - \text{镗轴轴向进给} \\ \dfrac{24}{21} - u_{\text{合}} - \text{XIX} - \dfrac{20}{164} - \dfrac{164}{16} - \text{XX} - \dfrac{16}{16} - \text{XXI} - \dfrac{16}{16} - \text{XXII（丝杠 } T=12\text{mm}) \end{bmatrix}$$

半螺母 — 平旋盘刀具溜板径向进给

$$\dfrac{17}{33} - \text{XXIII} - \begin{bmatrix} M_5\text{合} - \dfrac{25}{20} - \text{XXXII} - \dfrac{17}{37} - \text{XXXIII（垂直丝杠）} - \text{主轴箱垂直进给} \\ \dfrac{22}{18} - \text{XXIV} - \dfrac{36}{44} - \text{XXV} - \dfrac{22}{22} - \text{XXVI} - \dfrac{33}{34} \end{bmatrix}$$

M_6合-XXVII（横进给丝杠）
工作台横向进给
$$\dfrac{34}{34} \quad \dfrac{34}{34}$$

$$\begin{bmatrix} M_7\text{合} - \text{XXVIII} - \dfrac{1}{24} - \dfrac{16}{120} - \text{工作台旋转} \\ \dfrac{34}{20} - \dfrac{20}{34} - M_8\text{合} - \text{XXIX} - \dfrac{16}{29} - \dfrac{29}{30} - \text{XXX} - \dfrac{2}{34} - \text{XXXI} - \dfrac{11}{\text{齿条}} - \text{工作台纵向进给} \end{bmatrix}$$

③ 平旋盘刀具溜板的径向进给。利用平旋盘车大端面及较大的内外环形槽时，需要刀具一面随平旋盘绕主轴轴线旋转，一面随刀具溜板做径向进给。

平旋盘刀具溜板径向进给原理如图 4-23 所示。

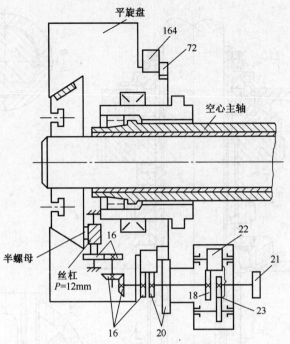

图 4-23 平旋盘刀具溜板径向进给原理

P—螺纹螺距

平旋盘由安装其上的齿轮 z_{72} 带动旋转，其本身又可通过两条传动路线，经合成机构合成后，由合成机构输出轴左端齿轮 z_{20} 传动空套在平旋盘上的大齿轮 z_{164}。这两条传动路线分别是：一条由齿轮 z_{72} 经进给传动链，最后由齿轮 z_{21} 传至合成机构输入轴及右中心轮 z_{23}（见图 4-21 传动系统及传动路线表达式）；另一条由齿轮 z_{72} 经合成机构壳体（系杆）上的齿轮 z_{20}，传至合成机构。大齿轮 z_{164} 通过安装在平旋盘上的齿轮 z_{16}、圆锥齿轮副 16/16、齿轮副 16/16、丝杠及安装在刀具溜板上的半螺母与刀具溜板保持传动联系。如果大齿轮 z_{164} 的转速及转向与齿轮 z_{72} 相同，即大齿轮 z_{164} 与平旋盘保持相对静止，上述联系大齿轮与刀具溜板的各传动件只随平旋盘绕平旋盘轴线做公转，而不做自转，则刀具溜板不做径向进给。如果大齿轮 z_{164} 与齿轮 z_{72} 的转速或转向不同，大齿轮 z_{164} 相对平旋盘转动，并使 z_{16} 小齿轮做自转，从而通过圆锥齿轮副 16/16 及丝杠螺母副使刀具溜板做径向进给。

从传动系统图及传动路线表达式可知，刀具溜板的径向进给是通过轴 XV 上齿轮 z_{24} 左移与合成机构输入轴右端齿轮 z_{21} 啮合而接通的。反之，当两者未啮合，z_{21} 不转动，则刀具溜板就无径向进给。

从以上分析也可看到，平旋盘经齿轮 z_{72}，合成机构壳体齿轮 z_{20}，再经合成机构传动大齿轮 z_{164} 的这条传动链的作用是使大齿轮与平旋盘同步转动；而另一条传动链，即进给传动链才能使大齿轮与平旋盘产生转速差，从而使刀具溜板得到径向进给。

（3）主轴部件结构

TP619 型卧式铣镗床的主轴部件结构如图 4-24 所示。镗轴套筒 3 采用三支承结构，前支承为 D3182126 型双列圆柱滚子轴承，中间及后支承为 D2007126 型圆锥滚子轴承，三支承均安装在箱体孔中。镗轴 2 由压入镗轴套筒 3 的 3 个精密衬套 8、9 和 12 作为前后支承，以保证有较高的旋转精度和平稳的轴向进给运动。镗轴前端有一精密的 1：20 锥孔，用以安装镗杆或其

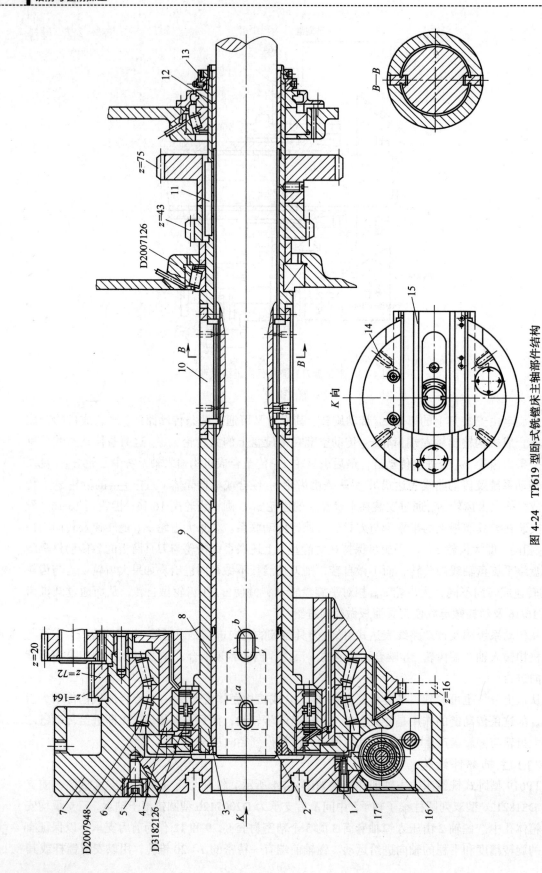

图 4-24　TP619 型卧式铣镗床主轴部件结构

1—平旋盘刀具溜板　2—镗轴　3—镗轴套筒　4—法兰盘　5—螺塞　6—销钉　7—平旋盘　8、9—前支承衬套　10—滑键
11—平键　12—后支承衬套　13—调整螺母　14—径向 T 型槽　15—T 型槽　16—丝杠　17—半螺母

他刀具。镗轴前部还加工有 a、b 两个腰形孔，其中孔 a 用于拉镗孔或倒刮端面时，插入楔块，以防止镗杆被切削力拉出，孔 b 用于拆卸刀具。镗轴 2 的旋转运动由 z_{75} 或 z_{43} 齿轮通过平键 11 使镗轴套筒 3 旋转，然后由套筒上两个对称分布的导键 10 传动得到。镗轴上开有两条长键槽，一方面可以接受由导键传来的扭矩，另外在镗轴轴向进给时，还可起导向作用。

平旋盘 7 通过 D2007948 型双列圆锥滚子轴承支承在固定于箱体上的法兰盘 4 上。平旋盘由用定位销及螺钉连接其上的齿轮 z_{72} 传动。传动刀具溜板的大齿轮 z_{164} 空套在平旋盘 7 的外圆柱面上。平旋盘 7 端面铣有 4 条径向 T 型槽 14，刀具溜板 1 上铣有两条 T 型槽 15（K 向视图），供安装刀架或刀盘之用。

刀具溜板 1 可在平旋盘 7 的燕尾导轨上做径向进给运动，导轨的间隙可由镶条进行调整。如不需要做径向进给运动时，可由螺塞 5 通过销钉 6，将刀具溜板锁紧在平旋盘上，以增加刚性。

小　结

本章主要介绍了加工盲孔、小孔的钻削加工方法和对较大尺寸孔的镗削加工方法、加工特点及加工范围。并对摇臂钻床、卧式镗床的运动及结构作了重点介绍。

习　题

1. 什么是钻削加工方法，其加工特点是什么？
2. 钻床有哪几种类型，其加工特点是什么？
3. 指出摇臂钻床的成形运动和辅助运动及工艺范围。
4. 什么是镗削加工，其加工特点和工艺范围是什么？
5. 镗床是如何分类的，其加工特点是什么？
6. 概述 TP619 型卧式铣镗床的成形运动和辅助运动及这些运动的作用。

第5章

刨削与磨削加工

【学习目标】

1. 了解刨削与磨削的加工方法
2. 掌握刨削与磨削的加工运动、加工特点和应用范围
3. 了解刨床、磨床的传动
4. 掌握刨床、磨床组成部件的作用，熟悉其主要部件结构

5.1

刨削加工

5.1.1 刨削加工方法

刨削加工方法是指在刨床上用刨刀对工件上的平面或沟槽进行加工的方法。

刨削时，刨刀（或工件）做直线往复移动，工作台上工件（或刨刀）的移动相配合来进行切削加工。刨刀（或工件）的往复直线运动为主运动，方向与之垂直的工件（或刨刀）的间歇移动为进给运动。

按照刨削时主运动方向的不同，刨削可分为水平刨削和垂直刨削两种。水平刨削通常称为刨削，如图 5-1（a）、图 5-1（b）所示，垂直刨削则称为插削，如图 5-1（c）所示。图 5-1 分别表示在牛头刨床、龙门刨床上刨平面和在插床上插键槽时的切削运动。

刨削可以对各类平面、垂直面、阶台面、斜面、直槽、T 型槽、曲面等进行加工，如图 5-2 所示。插削一般常用于加工工件的内表面，如孔内的键槽、花键槽、方孔、特形孔等。

刨削（包括插削）的主要特点是断续切削。因为主运动是往复直线运动，切削只在刀具前进时进行，称为工作行程；回程时不进行切削，称为空行程，此时刨刀抬起，以便让刀，避免损伤已加工表面并减少刀具磨损。进给运动由刀具或工件完成，其方向与主运动方向相垂直。它是在空行程结束后的短时间内进行的，因而是一种间歇运动。所以在每次工作行程开始时刀

具切入工件要发生冲击，在换向时还需克服机床的惯性，限制了切削速度和空行程速度的提高，同时还存在空行程所造成的时间损失，所以在多数情况下生产率较低，只是在加工狭长的平面时，有较高的生产率。

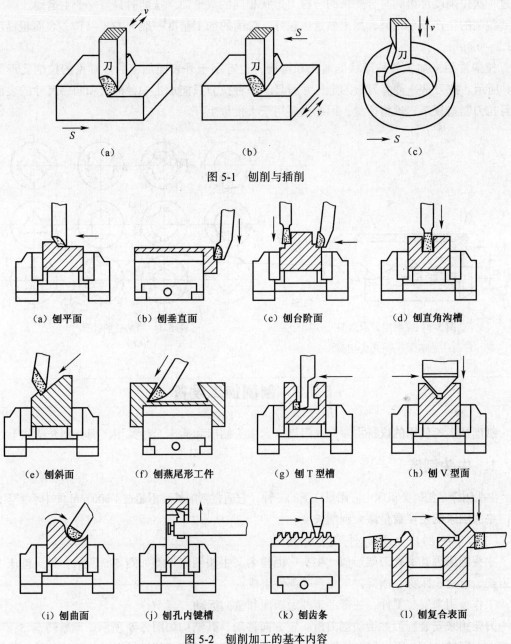

图 5-1　刨削与插削

（a）刨平面　　（b）刨垂直面　　（c）刨台阶面　　（d）刨直角沟槽

（e）刨斜面　　（f）刨燕尾形工件　　（g）刨 T 型槽　　（h）刨 V 型面

（i）刨曲面　　（j）刨孔内键槽　　（k）刨齿条　　（l）刨复合表面

图 5-2　刨削加工的基本内容

因切削过程中有冲击和震动，刨削的加工精度一般不高，通常为 IT9～IT7 级精度，表面粗糙度值 R_a 为 12.5～3.2μm，平面度为 0.04/500mm（牛头刨床）。只是在龙门刨床上因刚性好和冲击小可以达到较高的精度和平面度，表面粗糙度值 R_a 为 3.2～0.4μm，平面度达 0.02/1 000 mm。

刨削、插削加工用的机床、刀具和夹具都比较简单，加工方便，故适合于单件、小批生产以及修配的场合。

拉削可以认为是刨削的一种发展，拉削时工件不动，拉刀作直线移动为主运动。拉刀齿形与被加工面形状相同，似成形刨刀，进给运动靠刀齿的齿廓来实现。拉刀全长分布有很多刀齿，后一个刀齿比前一个刀齿高，拉削时的进刀就靠刀齿的齿升来完成，如图 5-3 所示。因此，工件经过一次拉削就可得到符合要求的与拉刀形状相同的成形面。拉削时只需一个主运动。

拉削的生产效率很高，加工质量也较好。拉削的加工精度一般为 IT8 ~ IT7，表面粗糙度为 $R_a 3.2 ~ 0.4 \mu m$。

拉削常用来加工各种形状的通孔和键槽，也有用于外表面加工的。常见的拉削孔形如图 5-4 所示。拉刀是一种多刀刃的定尺寸刀具。一种拉刀只能加工一种形状和同一尺寸的表面，而且拉刀制造复杂、价格昂贵，因此主要用于大批量生产。

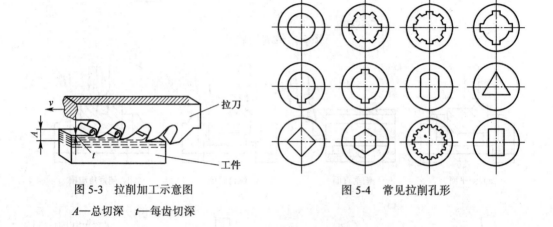

图 5-3　拉削加工示意图

A—总切深　t—每齿切深

图 5-4　常见拉削孔形

5.1.2　刨削加工设备

刨削加工所使用的设备主要有龙门刨床、牛头刨床和插床 3 种类型，现分别介绍如下。

1. 牛头刨床

牛头刨床是刨削类机床中应用最广泛的一种，它适宜刨削长度不超过 1 000 mm 的中小型零件。牛头刨床的主参数是最大刨削长度。

（1）牛头刨床主要部件及其作用

牛头刨床因其滑枕刀架形似"牛头"而得名，牛头刨床外型如图 5-5 所示。牛头刨床主要由刀架、滑枕、床身、横梁、工作台等部件组成。

工作台用来安装工件，并带动工件做横向和垂向运动。

刀架用来安装刨刀并带动刨刀沿一定方向移动，其结构如图 5-6 所示。调整转盘 5，可使刀架左右回转 60°，用以加工斜面或斜槽。摇动手柄 4 可使刀架沿转盘上的导轨移动，使刨刀垂直间歇进给或调整切削深度。松开转盘两边的螺母，将转盘转动一定角度，可使刨刀做斜向间歇进给。刀座 6 可在滑板 3 上做±15° 范围内的回转，使刨刀倾斜安置，以便加工侧面和斜面。刨刀通过刀夹 1 压紧在抬刀板 2 上，抬刀板可绕刀座上的轴销 7 向前上方向抬起，便于在回程时抬起刨刀，以防擦伤工件表面。

滑枕带动刨刀做往复直线运动，其前端装有刀架。

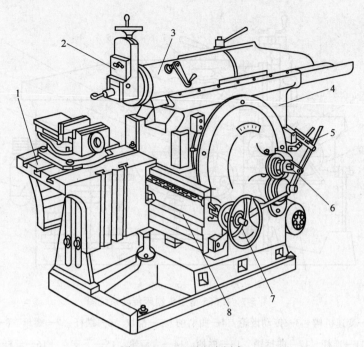

图 5-5　B665 型牛头刨床

1—工作台　2—刀架　3—滑枕　4—床身　5—变速手柄

6—滑枕行程调节手柄　7—横向进给手轮　8—横梁

床身的顶面有水平导轨、滑枕沿此做往复运动。在前侧面有垂直导轨，横梁带动工作台沿此升降。床身内部有变速机构和摆杆机构。

横梁带动工作台做横向间歇进给或横向移动，也可带动工作台升降，以调整工件与刨刀的相对位置。

（2）B665 型牛头刨床传动简介

B665 型牛头刨床传动系统如图 5-7 所示。

① 主运动。电动机 1 的旋转运动通过皮带轮，经过变速机构 2 由齿轮 3 传给大齿轮 14，大齿轮上的曲柄销 4 带动滑块 5 并使摆杆 6 绕支点 15 摆动。大齿轮每转一圈，通过摆杆将回转运动变为滑枕的一次往复直线运动。借助调节手柄，通过机构摆杆中心的一对伞齿轮 17 和丝杠 16，调解曲柄销至大齿轮中心的偏心距，就可以改变滑枕行程的长短。至于滑枕行程的起始和终止位置，则可以转动在滑枕内腔的丝杠，通过改变螺母 7 在滑枕上的位置来调整。

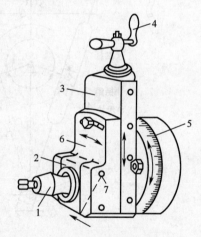

图 5-6　牛头刨床刀架

1—刀夹　2—抬刀板　3—滑板

4—刀架手柄　5—转盘

6—刀座　7—转销

滑枕工作行程的速度就是切削速度。从图 5-8 所示的曲柄摆杆机构可以看出，滑枕在工作行程时，滑块逆时针转动 α 角，回程时则转过 β 角。显然 $\alpha > \beta$。而滑枕在工作行程和回程所走过的距离 L 相等，所以滑枕的回程速度比切削速度快，利于生产率的提高。

牛头刨床主运动的传动方式有机械传动和液压传动两种。机械传动常用曲柄摇杆机构，其结构简单、工作可靠、调整维修方便，如 B665 型牛头刨床。用液压传动作为主运动的传动方

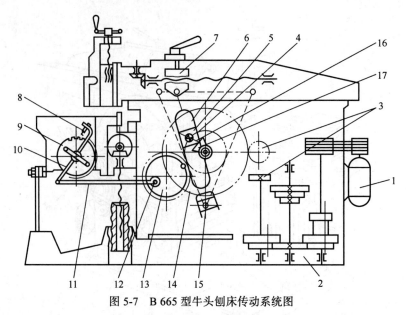

图 5-7　B 665 型牛头刨床传动系统图

1—电动机　2—变速机构　3—传动齿轮　4—曲柄梢　5—滑块　6—摆杆　7—螺母　8—棘爪　9—棘轮
10—摇杆　11—连杆　12—曲柄销　13—曲柄　14—大齿轮　15—下支点　16—丝杆　17—伞齿轮

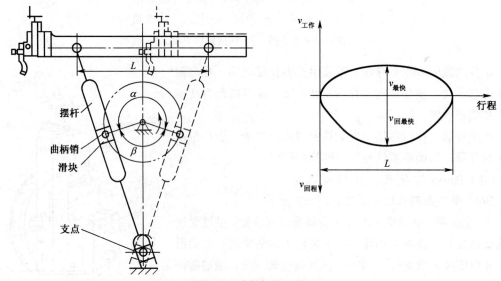

图 5-8　曲柄摆杆机构

式能传递较大的力，可实现无级调速，运动平稳，但结构较复杂，成本较高，一般用于规格较大的牛头刨床，如 B6090 液压牛头刨床。

②　进给运动。工作台的横向进给运动是间歇的，在滑枕每一次往复运动结束时，下一次工作行程开始前，工作台横向移动一小段距离（进给量）。横向进给可以手动也可以机动。横向进给由棘轮、棘爪机构控制，如图 5-9 所示。通过这个机构可改变间歇进给的方向和进给量，或是停止机动进给，改用手动进给。

牛头刨床工作台的横向进给运动也可采用机械或液压的传动方式实现。

（3）B665 型牛头刨床主要技术参数

B665 型牛头刨床主要技术参数见表 5-1。

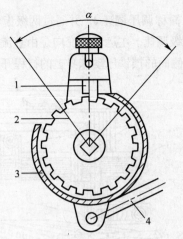

图 5-9　棘轮、棘爪机构

1—棘爪　2—棘轮　3—挡环　4—连杆　α—棘爪摆动角

表 5-1　　　　　　　　　　　B665 型牛头刨床主要技术参数

名　称	技 术 参 数
最大刨削长度	650 mm
工作台最大横向行程	600 mm
工作台最大垂直行程	300 mm
工作台面尺寸（长×宽）	650 mm×450 mm
刀架最大垂直行程	175 mm
刀架最大回转角度	±60°

2. 龙门刨床

龙门刨床属于大型机床。

龙门刨床的主参数是最大刨削宽度，第 2 主参数是最大刨削长度。例如，B2012A 型龙门刨床的最大刨削宽度为 1 250 mm，最大刨削长度为 4 000 mm。

（1）龙门刨床的的组成和工艺范围

龙门刨床的主运动是工作台沿床身水平导轨所做的直线往复运动。进给运动是刀架的横向或垂直方向的直线运动。

龙门刨床主要由床身、工作台、立柱、横梁、垂直刀架、侧刀架和进给箱等组成，如图 5-10 所示。床身 1 的两侧固定有立柱 6，两立柱由顶梁 5 连接，形成结构刚性较好的龙门框架。横梁 3 装有两个垂直刀架 4，可分别做横向和垂直方向进给运动及快速调整移动。横梁可沿立柱作升降移动，用来调整垂直刀架的位置，适应不同高度的工件加工。横梁升降位置确定后，由夹紧机构夹紧在两个立柱上。左右立柱分别装有侧刀架可分别沿垂直方向做自动进给和快速调整移动，以加工侧平面。

龙门刨床的刚性好，功率大，适合在单件、小批生产中，加工大型或重型零件上的各种平面、沟槽和各种导轨面，也可在工作台上一次装夹多个中小型零件同时加工。

（2）B2012A 型龙门刨床的传动系统

① 主运动。B2012A 型龙门刨床主运动是采用直流电动机为动力源，如图 5-11 所示。经减速箱 4、蜗杆 3 带动齿条 1，使工作台 2 获得直线往复的主运动。主运动的变速是通过调节直流电动

机的电压来改变电动机的转速（简称调压调速），并通过两级齿轮进行机电联合调速。这种方法可使工作台在较大范围内实现无级调速。主运动的变向是由直流电动机改变方向实现的。工作台的降速和变向等动作是由工作台侧面的挡铁压动床身上的行程开关通过电气控制系统实现的。

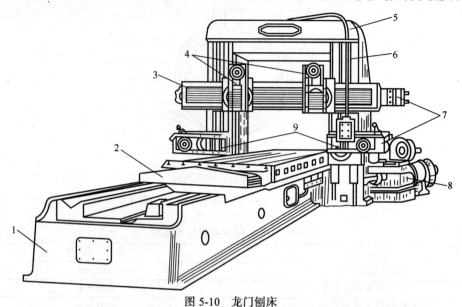

图 5-10　龙门刨床

1—床身　2—工作台　3—横梁　4—垂直刀架　5—顶梁　6—立柱　7—进给箱　8—减速箱　9—侧刀架

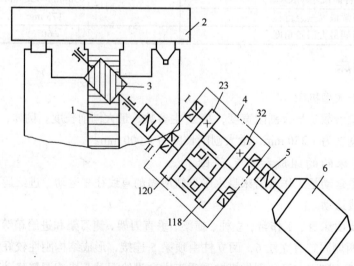

图 5-11　工作台主运动传动简图

1—齿条　2—工作台　3—蜗杆　4—减速箱　5—联轴器　6—直流电动机

　　② 进给运动。进给运动是由两个垂直刀架和两个侧刀架来完成。为了刨斜面，各刀架均有可扳转角度的拖板。另外，各刀架还有自动抬刀装置，在工作台回程时，自动将刀板抬起，避免刨刀擦伤加工表面。

　　横梁上的两个垂直刀架由一单独的电动机驱动，通过进给箱使两刀架在水平与垂直方向均可实现自动进给运动或快速调整运动。两立柱上的两个侧刀架分别由各自的电动机驱动，通过进给箱使两侧刀架在垂直方向实现自动进给运动或快速调整运动（水平方向只能手动）。由于两垂直刀架和侧刀架的结构、传动原理基本相同，现以垂直刀架为例加以说明。

B2012A 型龙门刨床传动系统示意简图如图 5-12 所示，垂直刀架进给箱传动系统如图 5-13 所示。

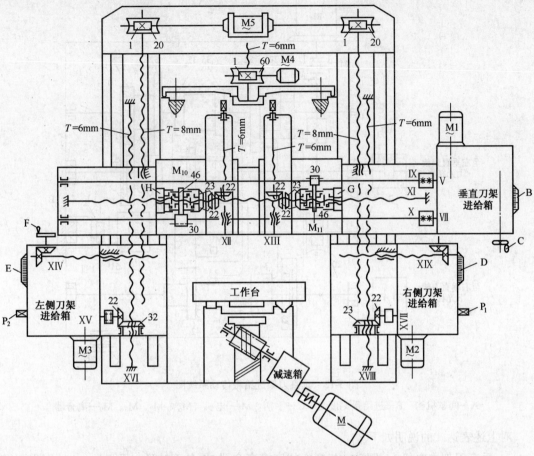

图 5-12　B2012A 型龙门刨床传动系统简图

B、D、E—进给量刻度盘　C—进给量调整手轮　F—左侧刀架水平移动手轮　G—右垂直刀架上的螺母

H—左垂直刀架上的螺母　P_1、P_2—手摇刀架垂直移动方头　T—丝杠的导程

M、M_1、M_2、M_3、M_4、M_5—电机　M_{10}、M_{11}—离合器

根据图示传动系统，可得垂直刀架的自动进给和快速调整运动的传动路线表达为：

$$电动机 — M_6 — III — \frac{1}{20} — VI \begin{cases} 间歇机构A \\ (自动进给) \end{cases} \begin{cases} \dfrac{90}{42} \\ (Z_{42}\,右位) \\[2mm] \dfrac{90}{35}\times\dfrac{35}{42} \\ (Z_{42}\,左位) \end{cases}$$

$$\begin{bmatrix} \overrightarrow{M_9} \\ \dfrac{26}{52}\times\dfrac{22}{55} \end{bmatrix} — V — IX — \dfrac{30}{46} \begin{cases} \overrightarrow{M_{11}} — G & (右垂直刀架水平进给) \\[2mm] \overrightarrow{M_{11}} — \dfrac{23}{23}\times\dfrac{22}{22} — XIII & (右垂直刀架垂直进给) \end{cases}$$

$$\begin{bmatrix} \overrightarrow{M_8} \\ \dfrac{26}{52}\times\dfrac{22}{55} \end{bmatrix} — VII — X — \dfrac{30}{46} \begin{cases} \overrightarrow{M_{10}} — H & (左垂直刀架水平进给) \\[2mm] \overrightarrow{M_{10}} — \dfrac{23}{23}\times\dfrac{22}{22} — XII & (左垂直刀架垂直进给) \end{cases}$$

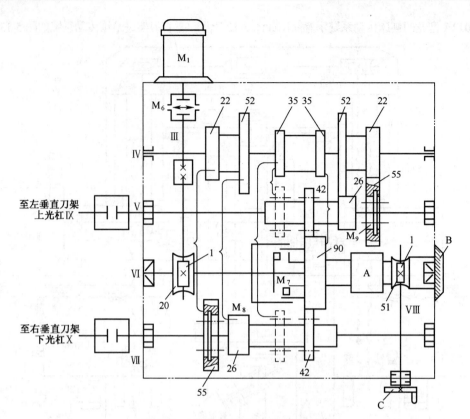

图 5-13 垂直刀架进给箱传动系统图

A—间歇机构 B—进给量刻度盘 C—手柄 M_1—电机 M_6、M_7、M_8、M_9—离合器

对上述表达式的说明如下。

a. 垂直刀架由电机 M_1 驱动，经离心式摩擦离合器 M_6 传至轴Ⅲ，再经过 1/20 蜗杆副传到轴Ⅵ。当端面齿离合器 M_7 向右接通时，垂直刀架可快速调整；当 M_7 脱开啮合时，通过自动间歇机构 A 可实现刀架的自动间歇进给运动。

b. 轴Ⅴ和轴Ⅶ上的 z_{42} 滑移齿轮，可分别控制上光杠轴Ⅸ和下光杠轴Ⅹ的正反向转动，从而使两个垂直刀架的水平和垂直移动都可以实现正反向。

c. 两垂直刀架的水平和垂直移动都有快慢二种速度，当内齿离合器 M_9（M_8）啮合时为快速，脱开时为慢速。

d. 离合器 M_7、M_8、M_9、M_{10}、M_{11} 及 z_{42} 两个滑移齿轮，均由各自的操纵手柄控制，工作前应按工作要求将各手柄扳到所需位置。

③ 横梁的升降和夹紧。为了适应对不同高度的工件进行刨削，横梁的高度也应随之而改变，使刀具与工件的被加工表面处于合适的位置。横梁的升降由顶梁上的电动机 M_5 驱动，经左右两边的 1/20 蜗杆副传动，使左右两立柱上的两根垂直丝杠带动横梁同步地实现升降运动。当横梁升降到所需位置时，松开横梁升降按钮，横梁升降即停止，此时由电气信号使夹紧电动机 M_4 驱动，经导程 $T=6$ mm 的丝杠，通过杠杆机构将横梁夹紧在立柱上。

3. 插床

内孔插削可采用插床。插床由床身、立柱、溜板、床鞍、圆工作台和滑枕等主要部件组成，如图 5-14 所示。滑枕 8 可沿滑枕导轨座上的导轨做上下方向的往复运动，使刀具实现主运动，向下为工作行程，向上为空行程。滑枕导轨座 7 可以绕销轴 6 在小范围内调整角度，以便加工倾斜的内外表面。床鞍 3 和溜板 2 可分别做横向及纵向进给，圆工作台 9 可绕垂直轴线旋转，完成圆周进给或进行分度。圆工作台在上述各方向的进给运动均在滑枕空行程结束后的短时间内进行。分度装置 4 用于完成对工件的分度。

插床主要用于加工工件的内表面，如内孔键槽及多边形孔等，有时也用于加工成形内外表面。插床的生产率较低，一般只用于单件、小批生产。

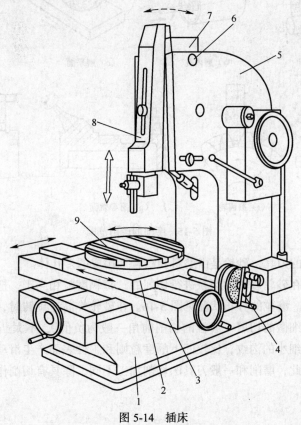

图 5-14 插床

1—床身 2—溜板 3—床鞍 4—分度装置 5—立柱 6—销轴

7—滑枕导轨座 8—滑枕 9—圆工作台

5.2

磨削加工

5.2.1 磨削加工方法

磨削加工方法是由于精加工和硬表面加工的需要而产生的。它是以砂轮的高速旋转与工件的移动或转动相配合进行切削加工的方法。

磨削时砂轮的旋转为主运动，工件的低速旋转和直线移动（或磨头的移动）为进给运动。

磨削的应用范围很广，对内外圆、平面、成形面和组合面等均能进行磨削，如图 5-15 所示。

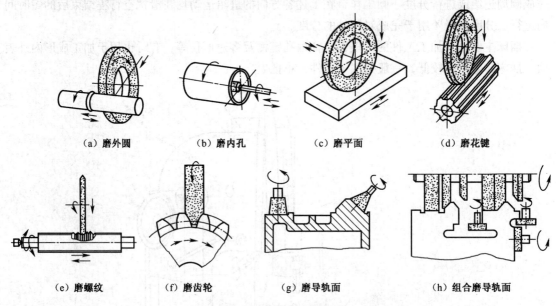

（a）磨外圆	（b）磨内孔	（c）磨平面	（d）磨花键
（e）磨螺纹	（f）磨齿轮	（g）磨导轨面	（h）组合磨导轨面

图 5-15　磨削的应用范围

砂轮是一种特殊的刀具，砂轮是由磨料和结合剂构成的多孔体。

磨削是通过分布在砂轮表面的磨粒进行切削的，每颗磨粒相当于一把车刀，整块砂轮即相当于刀齿极多的铣刀。磨粒的分布状况见图 5-16。在砂轮作高速旋转时，凸出的具有尖棱的磨粒从工作表面上切下细微的切屑（磨粒的切削前角一般为负值），不太凸出或磨钝了的磨粒只能在工件表面上划出细小的沟纹，比较凹下的磨粒则和工件表面产生滑动摩擦，后两种磨粒在磨削时产生微尘。因此，磨削和一般刀具的切削加工不同，除具有切削作用外，还具有刻划和修光作用。

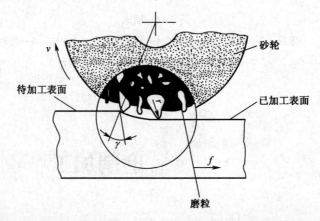

图 5-16　砂轮磨粒放大图

磨削加工的主要特点如下。

① 磨削的加工精度较高。由于磨削的加工余量较小，并有修光作用，所以磨削的加工精

度较高、表面粗糙度值小。其加工精度一般可达 IT7 ~ IT6 级，表面粗糙度值 R_a 为 1.6 ~ 0.2μm。如采用高精度磨削，则加工精度可达 IT5 级以上，表面粗糙度值 R_a 为 0.1 ~ 0.012μm。

② 磨削可以加工硬质材料。由于磨粒具有极高硬度，磨削可以加工一般刀具难以加工甚至无法加工的硬质材料，如淬硬钢、硬质合金、陶瓷等。

③ 磨削温度高。由于磨削速度高，砂轮与工件之间发生剧烈的摩擦，产生很大热量，且砂轮的导热性差，不易散热，以至磨削区的温度高达 1 000℃以上，这样会使工件退火或烧伤。为此，磨削时必须加大量切削液，给工件降温。若不能使用切削液，则应采用较小的切削用量。

磨削主要用于工件表面的精加工，有时既做半精加工又做精加工，精制毛坯只要经过 2 次磨削就能达到精加工的加工要求。磨削常用于刃磨刀具。此外，磨削还可用来切断钢锭和做毛坯的荒加工。可见，磨削在切削加工中起着极为重要的作用。

5.2.2　磨削加工设备

为了满足磨削各种表面和生产批量的要求，磨床的种类很多，其主要类型有：外圆磨床、内圆磨床、平面磨床、工具磨床、刀具刃具磨床、专门化磨床及其他磨床。

在生产中应用最广泛的是外圆磨床、内圆磨床和平面磨床 3 类。

1. 外圆磨床

外圆磨床的种类较多，现以应用较普遍的 M1432A 型万能外圆磨床为例作介绍。这种磨床的加工范围广，它可以磨削外圆柱面和外圆锥面，也可以磨削圆柱孔和圆锥孔。

（1）M1432A 型万能外圆磨床的用途和运动

M1432A 型万能外圆磨床，主要用于磨削圆柱形或圆锥形的内外圆表面，还可以磨削阶梯轴的轴肩和端平面等，如图 5-17 所示。该机床工艺范围较宽，但磨削效率不够高，适用于单件小批生产，常用于工具车间和机修车间。

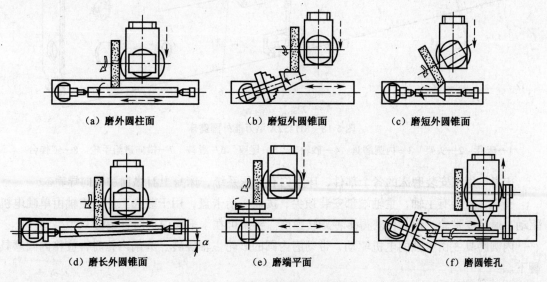

（a）磨外圆柱面　　　　（b）磨短外圆锥面　　　　（c）磨短外圆锥面

（d）磨长外圆锥面　　　　（e）磨端平面　　　　（f）磨圆锥孔

图 5-17　万能外圆磨床的用途

根据外圆磨床的用途，其应具备如下运动。

① 磨外圆时砂轮的旋转主运动。

② 磨内孔时砂轮的旋转主运动。

③ 工件旋转做圆周进给运动。

④ 工件往复做纵向进给运动。

⑤ 砂轮横向进给运动（往复纵磨时，为周期间歇进给；切入磨削时，为连续进给，如图 5-19 所示）。

此外，机床还具有两个辅助运动：为装卸和测量工件方便所需的砂轮架横向快速进退运动；为装卸工件所需的尾架套筒伸缩移动。

（2）M1432A 型万能外圆磨床主要部件及作用

M1432A 型万能外圆磨床主要由床身、工作台、头架、尾座、砂轮架、内圆磨具等部件组成，如图 5-18 所示。

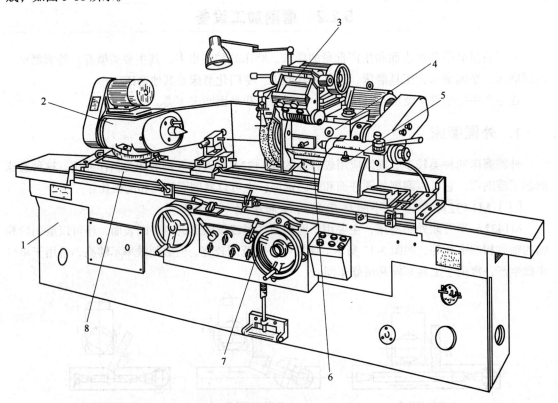

图 5-18　M1432A 型万能外圆磨床

1—床身　2—头架　3—内圆磨具　4—砂轮架　5—尾座　6—滑鞍　7—横向进给手轮　8—工作台

床身 1 用来安装磨床的各个部件，床身内有液压系统，床身上有纵向和横向导轨。

头架 2 上装有主轴，主轴端部安装顶尖、拨盘、活卡盘，用于装夹工件。主轴由单独电机驱动，通过皮带轮，使工件获得多种旋转速度。头架可在水平面内逆时针偏转 90°。

内圆磨具 3 由单独的电机驱动，带动磨内圆的砂轮主轴旋转。磨削内孔时，应将内圆磨具翻下。

砂轮架 4 用来安装砂轮，由单独电动机通过皮带传动，带动砂轮高速旋转。砂轮架可沿床身上的横向导轨通过液压传动，做横向快速进退和自动周期进给运动，横向移动也可手动获得。砂轮架还可在水平面内回转±30°角。

尾座 5 装有顶尖，和头架的前顶尖一起支承工件。它在工作台上的位置，可根据工件长度调整。尾架套筒的后端装有弹簧，依靠弹簧的推力夹紧工件。磨削长工件时，可避免工件因受切削热无法伸长所造成的弯曲变形，也便于工件的装卸。

转动横向进给手轮 7，可以使滑鞍 6 及砂轮架 4 作横向进给运动。

工作台 8 由上下两层组成，上工作台可绕下工作台在水平方向转动±10°，以便磨出小锥角的较长锥体。工作台由液压传动沿床身纵向导轨做直线往复运动，实现纵向进给。在工作台前侧的 T 型槽里，装有两个换向挡铁，用以控制工作台自动换向，工作台的纵向移动也可通过手轮手动操作。

（3）M1432A 型万能外圆磨床主要技术参数

M1432A 型万能外圆磨床主要技术参数，见表 5-2。

表 5-2　　　　　　　　　　M1432A 型万能外圆磨床主要技术参数

名　　称	技 术 参 数
外圆磨削直径	$\phi 8 \sim \phi 320$mm
最大外圆磨削长度	1 000 mm、1 500 mm、2 000 mm
内孔磨削直径	$\phi 13 \sim \phi 100$ mm
最大内孔磨削长度	125 mm
外圆砂轮转速	1 670 r/min
内圆砂轮转速	10 000 r/min、15 000r/min

（4）M1432A 型万能外圆磨床的工作方式

按砂轮进给运动的方式不同，可把磨外圆分为纵向磨削和横向磨削 2 种。

纵向磨削：纵向磨削方法如图 5-19（a）所示。磨削时，工件低速旋转，做圆周进给运动，工作台往返做纵向进给运动。这样，砂轮就磨出工件的整个外圆表面。每一次纵向行程结束（或一个往复行程结束），砂轮做一次横向进给，逐步把全部余量磨去。

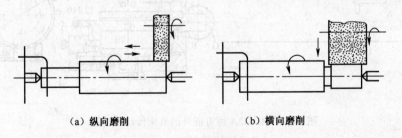

（a）纵向磨削　　　　　　　　　　（b）横向磨削

图 5-19　外圆磨削方式

此磨削方法的特点是：在砂轮周边宽度上，只有处于纵向进给力向一侧的磨粒担负起主要切削工作，其余部分磨粒只起修光作用。因此生产率较低，但工件表面粗糙度值小，精度较高。目前在生产中应用最广，特别是单件、小批生产及精磨时常用这种方法。

横向磨削：横向磨削方法如图 5-19（b）所示。砂轮宽度大于工件被磨长度，磨削时无需纵向进给。砂轮以很慢的速度连续地或断续地向工件做横向进给运动，直至把磨削余量全部磨去。

此磨削方法的特点是：砂轮宽度上的磨粒都能起切削作用，磨削效率高。但磨削力大，磨削温度也高。若砂轮工作表面修整的不好，或在使用中磨损不匀，将使加工精度降低，表面粗糙度增大。横向磨削主要用于批量大、精度不太高的工件或不能做纵向进给的场合，如磨削轴阶台的端面等。

外圆锥面的磨削方法和外圆磨削相同，主要区别在于工件和砂轮的相对位置不同，磨外圆锥面时工件轴线必须相对于砂轮轴线偏移一圆锥斜角，这可通过工作台上头架偏转或砂轮架偏转及工作台的偏转等实现，如图 5-17（b）~ 图 5-17（d）所示。

（5）M1432A 型万能外圆磨床的机械传动

M1432A 型磨床的运动是由机械和液压联合传动实现的。工作台纵向往复移动、砂轮架快速进退和周期径向自动切入、尾座顶尖套筒缩回等都是液压传动，其余运动则是机械传动。图 5-20 所示为机床的机械传动系统图。

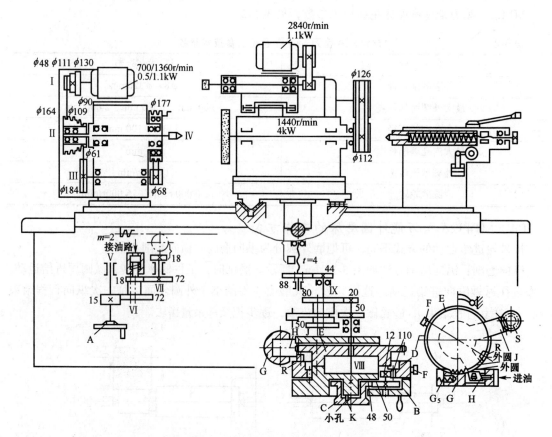

图 5-20　M1432A 型万能外圆磨床传动系统图

A、B—手轮　C—补偿旋钮　D—刻度盘　E—棘轮　F—挡块　G—活塞　G_5—液压缸

H—棘爪　R—调整块　K—销子　J—扇形齿轮板　S—齿轮

① 外圆磨削时砂轮主轴传动链。外圆磨削时砂轮旋转的主运动（$n_砂$）是由电动机经 V 带直接传动，传动链较短。

其传动路线为：主电机（1 440 r/min，4kW）—皮带轮（$\phi126/\phi112$）—砂轮（$n_砂$）

② 内圆磨具传动链。内圆磨削时，砂轮旋转的主运动（$n_内$）由单独的电动机经平带直接传

动。更换平带轮，使内圆砂轮获得 2 种高转速：10 000 r/min 和 15 000 r/min。

其传动路线为：主电机（2 840 r/min，1.1 kW）—皮带轮—砂轮（$n_{内}$）。

③ 头架拨盘传动链。工件旋转运动由双速电机驱动，经 V 带塔轮及两级 V 带传动，使头架的拨盘或卡盘带动工件，实现圆周进给 $f_{周}$。

其传动路线为：

$$\text{头架电机（双速）} - \text{I} - \begin{bmatrix} \dfrac{\phi130}{\phi90} \\[2mm] \dfrac{\phi111}{\phi109} \\[2mm] \dfrac{\phi48}{\phi164} \end{bmatrix} - \text{II} - \frac{\phi61}{\phi184} - \text{III} - \frac{\phi68}{\phi177} - \text{拨盘或卡盘}(f_{周})$$

由于电动机为双速电动机，因而可使工件获得 6 种转速。

④ 工作台手动驱动。调整机床时，可由手轮驱动工作台。其传动路线表达为：

$$\text{手轮 A} - \text{V} - \frac{15}{72} - \text{VI} - \frac{18}{72} - \text{VII} - \frac{18}{\text{齿条}} - \text{工作台纵向移动}(f_{纵})$$

手轮转一转，工作台纵向移动量 f 为：

$$f = 1 \times \frac{15}{72} \times \frac{18}{72} \times 18 \times 2 \times \pi = 5.89 \approx 6(\text{mm})$$

为避免工作台纵向往复运动时带动手轮 A 快速转动碰伤工人，在液压传动和手轮 A 之间采用了联锁装置。轴 VI 上的小液压缸与液压系统相通，工作台纵向往复运动时压力油推动轴 VI 上的双联齿轮移动，使齿轮 18 与 72 脱开。因此，液压驱动工作台纵向运动时手轮 A 并不转动。

⑤ 滑板及砂轮架的横向进给运动。横向进给运动 $f_{横}$，可用手摇手轮 B 来实现，也可由进给液压缸的活塞 G 驱动，实现周期的自动进给。现分述如下。

a. 手轮进给。在手轮 B 上装有齿轮 12 和 50。D 为刻度盘，外圆周表面上刻有 200 格刻度，内圆周是一个 110 齿的内齿轮，与齿轮 12 啮合。C 为补偿旋钮，其上开有 21 个小孔，平时总有 1 孔与固装在 B 上的销子 K 接合。C 上又有 48 的齿轮与 50 齿轮啮合，故转动手轮 B 时，上述各零件无相对转动，仿佛是一个整体，于是 B 和 C 一起转动。

当顺时针方向转动手轮 B 时，就可实现砂轮架的径向切入，其传动路线表达为：

$$\text{手轮 B} - \text{VIII} - \begin{Bmatrix} \dfrac{50}{50}(粗) \\[2mm] \dfrac{20}{80}(细) \end{Bmatrix} - \text{IX} - \frac{44}{88} - \text{丝杠}(t=4) - \text{半螺母}$$

因为 C 有 21 孔、D 有 200 格、所以 C 转过一个孔距，刻度盘 D 转过 1 格，即

$$\frac{1}{21} \times \frac{48}{50} \times \frac{12}{110} \times 200 \approx 1(\text{格})$$

因此，C 每转过 1 孔距，砂轮架的附加横向进给量为 0.01 mm（粗进给）或 0.002 5 mm（细进给）。

b. 液动周期自动进给。当工作台在行程末端换向时，压力油通入液压缸 G_5 的右腔，推动活塞 G 左移，使棘爪 H 移动（因为 H 活套在 G 上），从而使棘轮 E 转过一个角度，并带动手轮 B 转动（螺钉将 E 固装在 B 上），实现了径向切入运动。当 G_5 右腔通回油时，弹簧将活塞 G 推

至右极限位置。

液动周期切入量大小的调整：棘轮 E 上有 200 个棘齿，正好与刻度盘 D 上的刻度 200 格相对应，棘爪 H 每次最多可推过棘轮上 4 个棘齿（即相当刻度盘转过 4 个格）。转动齿轮 S，使空套的扇形齿轮板 J 转动，根据它的位置就可以控制棘爪 H 推过的棘齿数目。

当自动径向切入达到工件尺寸要求时，刻度盘 D 上与 F 成 180° 安装的调整块 R 正好处于最下部位置，压下棘爪 H，使它无法与棘轮啮合（因为 R 的外圆比棘轮大）。于是停止了自动径向切入。

（6）M1432A 型万能外圆磨床的主要部件结构

① 砂轮架。砂轮架中的砂轮主轴及支承部分是砂轮架部件中的关键结构，直接影响工件的加工质量，故应具有较高的回转精度、刚度、抗振性及耐磨性。

如图 5-21 所示，砂轮主轴的前、后径向支承都为短三瓦动压型液体滑动轴承，每 1 个滑动轴承由 3 块扇形轴瓦组成，每块轴瓦都支承在球面支承螺钉 6 的球头上。调节球面支承螺钉的位置，即可调整轴承的间隙（通常间隙为 0.015 ~ 0.025 mm）。

短三瓦轴承是动压型液体滑动轴承，工作时必须浸在油中。当砂轮主轴向 1 个方向高速旋转以后，3 块轴瓦各在其球面螺钉的球头上，摆动到平衡位置，在轴和轴瓦之间形成 3 个楔形缝隙。当吸附在轴颈上的油液由入口（h_1）被带到出口（h_2）时（如图 5-21 所示 G），使油液受到挤压（因为 $h_2 < h_1$），于是形成压力油楔，将主轴浮在 3 块瓦中间，不与轴瓦直接接触，所以它的回转精度较高。当砂轮主轴受到外界载荷作用而产生径向偏移时，在偏移方向处楔形缝隙变小，油膜压升高，而在相反方向处的楔形缝隙增大，油膜压力减小。于是便产生了 1 个使砂轮主轴恢复到原中心位置的趋势，减小偏移。由此可见，这种轴承的刚度也是较高的。

砂轮主轴的轴向定位如图 5-21 中的 A—A 剖面所示。主轴右端轴肩 2 靠在止推滑动轴承环 3 上，以承受向右的轴向力。向左的轴向力则可通过装于带轮上 6 个小孔内的 6 根小弹簧 5 和 6 根小滑柱 4 作用在止推滚动轴承上。小弹簧的作用可给止推滚动轴承以预加载荷。

润滑油装在砂轮架壳体内，油面高度由油窗观察。在砂轮主轴轴承的两端用橡胶油封密封。

砂轮主轴运转的平稳性对磨削表面质量影响很大，所以，对于装在砂轮主轴上的零件都要经过仔细平衡。特别是砂轮，直接参与磨削，如果它的重心偏离旋转的几何中心，将引起振动，降低磨削表面的质量。在将砂轮装到机床上之前，必须进行静平衡。平衡砂轮的方法是：首先将砂轮夹紧在砂轮法兰 7 上，法兰 7 的环形槽中安装有 3 个平衡块 9，先粗调平衡块 9，使它们处在周向大约相距为 120° 的位置上。再把夹紧在法兰上的砂轮放在平衡架上，继续周向调整平衡块的位置，直到砂轮及法兰处于静平衡状态。然后，将平衡好的砂轮及法兰装到砂轮架的主轴上。每个平衡块 9 分别用螺钉 11 及钢球 10 固定在所需的位置。

由于砂轮运动速度很高，外圆线速度达 35m/s，为了防止由于砂轮碎裂击伤工人或损伤设备，在砂轮的周围（磨削部位除外）安装有安全保护罩（砂轮罩）8。

砂轮架壳体 1 用 T 形螺钉紧固在滑鞍 12 上，它可绕滑鞍上定心圆柱销 18 在 ±30° 范围内调整位置。磨削时，滑鞍带着砂轮架沿垫板 15 上的滚动导轨做横向进给运动。

② 内圆磨具及其支架。内圆磨具装配图如图 5-22 所示，内圆磨具支架如图 5-23 所示。

内圆磨具装在支架的孔中，如图 5-23 所示为工作位置，如果不工作时，内圆磨具翻向上方，如图 5-18 所示位置。磨削内孔时，因砂轮直径较小，要达到足够的磨削线速度，就要求砂

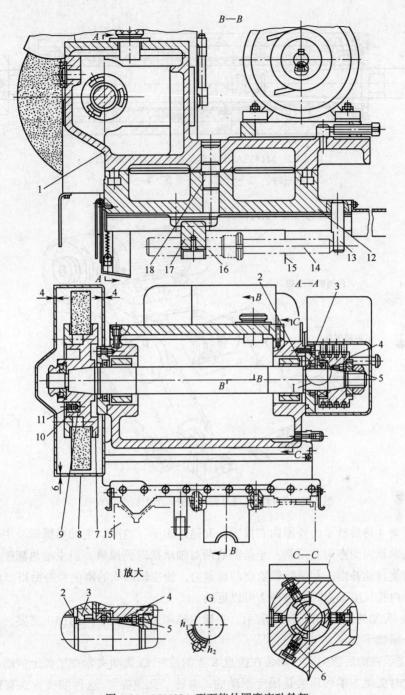

图 5-21　M1432A 型万能外圆磨床砂轮架

1—砂轮架壳体　2—轴肩　3—轴承环　4—小滑柱　5—弹簧　6—螺钉　7—法兰　8—砂轮罩　9—平衡块

10—钢球　11—螺钉　12—滑鞍　13—柱销　15—垫板　14、16—螺杆　17—螺母　18—圆柱销

轮轴具有很高的转速（本机床为 10 000 r/min 和 15 000 r/min）。因此要求内圆磨具在高转速下
运转平稳，主轴轴承应具有足够的刚度和寿命，并采用平带传动至内圆磨具的主轴。主轴支承
用 4 个 D 级精度的角接触球轴承，前后各两个。它们用弹簧 3 预紧，预紧力的大小可用主轴后
端的螺母来调节。弹簧 3 共有 8 根，均匀分布在套筒 2 内，套筒 2 用销子固定在壳体上，所以

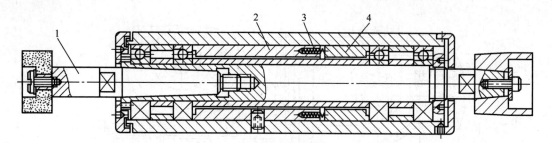

图 5-22　M1432A 型刀能外圆磨床的内圆磨具

1—接杆　2—套筒　3—弹簧　4—套筒

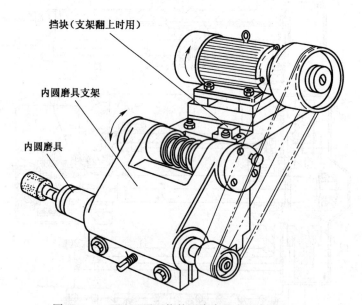

挡块（支架翻上时用）

内圆磨具支架

内圆磨具

图 5-23　M1432A 型万能外圆磨床的内圆磨具支架

弹簧力通过套筒 4 将后轴承的外圈向右推紧，又通过滚子、内圈、主轴后螺母及主轴传到前端的轴肩，使前轴承内圈亦向右拉紧。于是前后两对轴承都得到预紧。当主轴热膨胀伸长或者轴承磨损，弹簧能自动补偿，并保持较稳定的预紧力，使主轴轴承的刚度和寿命得以保证。

当被磨削内孔长度改变时，接杆 1 可以更换。

③ 头架。头架的结构如图 5-24 所示。头架主轴和顶尖根据不同的加工需要，可以转动或不转动。现介绍如下。

a. 工件支承在前后顶尖上，固装在拨盘 8 上的拨杆 G 拨动夹紧在工件上的鸡心夹头，使工件转动，这时头架主轴和顶尖是固定不动的，常称"死顶尖"。这种装夹方式有助于提高工件的旋转精度及主轴部件的刚度（见 A—A 剖面）。固定主轴的方法：拧动螺杆 1，将固装在主轴后端的摩擦圈 2 顶紧，使主轴及顶尖固定不转。

b. 用三爪自定心卡盘或四爪单动卡盘来夹持工件，在头架主轴前端安装一只卡盘（见图 5-24 中的安装卡盘），卡盘固定在法兰盘 6 上，6 又插入主轴的锥孔内，并用拉杆拉紧。运动由拨盘 8 上的螺钉 D 来带动法兰盘 6 旋转，这时主轴也随着一起转动。

c. 机床自磨顶尖（如图 5-24 所示的自磨顶尖装置），这时，拨盘通过杆 10 带动头架主轴旋转。

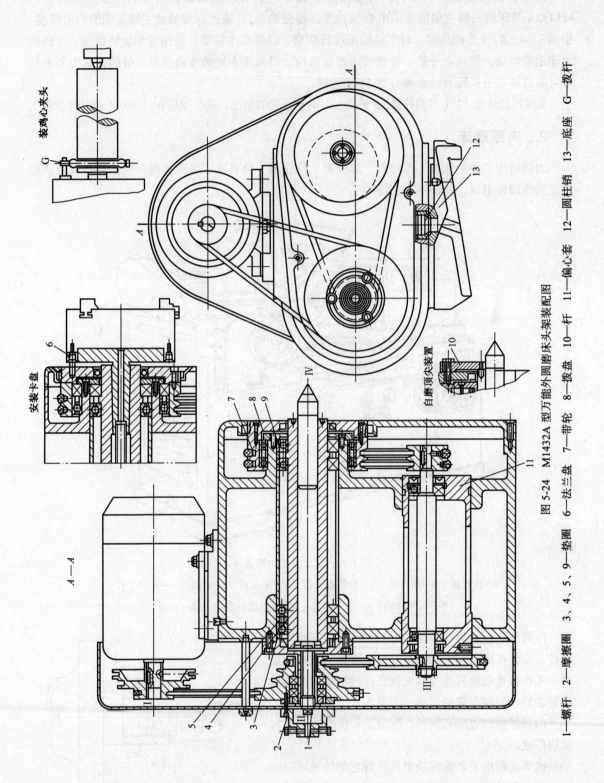

A—A

装鸡心夹头

G—拨杆

安装卡盘

自磨顶尖装置

图 5-24 M1432A 型万能外圆磨床头架装配图

1—螺杆 2—摩擦圈 3、4、5、9—垫圈 6—法兰盘 7—带轮 8—拨盘 10—杆 11—偏心套 12—圆柱销 13—底座 G—拨杆

头架主轴直接支承工件，因此主轴及其轴承应具有较高的旋转精度、刚度和抗振性。M1432A磨床的头架主轴轴承采用D级精度的精密轴承，并通过仔细修磨主轴前端的台阶厚度，垫圈3、4、5、9等的厚度，对主轴轴承进行预紧，以提高主轴部件的刚度和旋转精度。主轴的运动由带传动，使运动平稳。带轮采用卸荷结构，以减少主轴的弯曲变形。带的张紧力和更换带可通过移动电机座及转动偏心套11来达到。

头架可绕底座13上的圆柱销12转动，以调整头架的角度，其范围从0°～90°（逆时针方向）。

2．内圆磨床

内圆磨床主要由床身、工作台、床头箱、横托板、磨具座、纵向和横向进给机构以及砂轮修正器等部件组成，如图5-25所示。

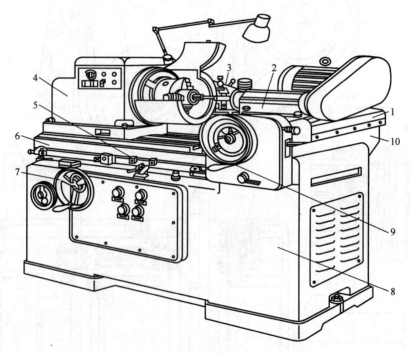

图 5-25　M2110 型内圆磨床

1—横托板　2—磨具座　3—砂轮修正器　4—床头箱　5—挡块　6—矩形工作台
7—纵向进给手轮　8—床身　9—横向进给手轮　10—桥板

内圆磨削运动为：砂轮在电机带动下的高速旋转运动，安装在床头箱主轴卡盘上的工件的圆周进给运动，工作台带动磨具座及砂轮做纵向进给运动，磨具座带动砂轮的横向进给运动，如图5-26所示。

内圆磨削的方法有两种：纵磨法和横磨法。前者运用广泛。

内圆磨削由于砂轮直径小，尽管它的转速可以高达每分钟万转以上，但切削速度仍不高。磨内圆时，砂轮与工件的接触面积比磨外圆及磨平面时都大，如

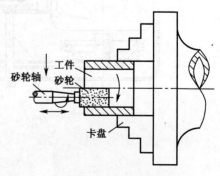

图 5-26　内圆磨削运动

图 5-27 所示，切削负荷大，而砂轮轴轴径细小，悬伸长度大，刚性差，故进给量必须减小。此外，排屑、散热条件均差，砂轮容易堵塞，工件容易发热变形。因此内圆磨削生产率低，加工精度和表面质量不如外圆磨削，这就限制了内孔磨削的应用，所以磨孔主要用于淬火或材料硬度较高的工件内孔的精加工。

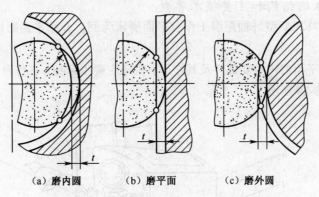

（a）磨内圆　　　（b）磨平面　　　（c）磨外圆

图 5-27　磨削不同表面时接触面积比较

3．平面磨床

（1）平面磨床磨削方法

平面磨床有多种形式，所用砂轮的工作表面位置也不同，平面磨削一般有两种方法：周磨和端磨，如图 5-28 所示。

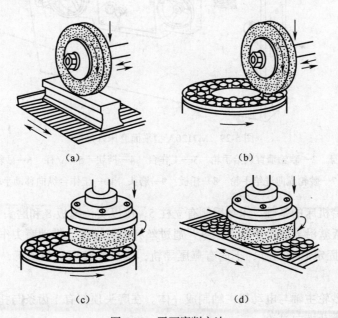

（a）　　　　　　　　　　　　（b）

（c）　　　　　　　　　　　　（d）

图 5-28　平面磨削方法

周磨平面如图 5-28（a）和图 5-28（b）所示，其砂轮轴是卧式的，用砂轮圆周面进行磨削。砂轮的轴向移动是轴向进给运动。图 5-28（a）所示工作台为矩形，它的往返直线运动为纵向进给运动；图 5-28（b）所示工作台为圆形，其旋转时的圆周运动为纵向进给运动，进刀则由砂轮以垂向切入工件实现。

端磨平面如图 5-28（c）、图 5-28（d）所示，砂轮主轴是立式的，用砂轮的端面磨削。砂轮通常用筒形砂轮或用数块扇形砂瓦固定在法兰盘上组成镶块砂轮，其外径大于工作台宽度或半径，因此，磨削时省去了横向进给运动，其纵向进给运动和进刀与卧式磨床的周磨相同。

（2）平面磨床的结构和主要技术参数

现以常用的 M7120A 型卧轴矩型工作台平面磨床为例，介绍平面磨床的基本结构特点和主要技术参数。

① M7120A 型平面磨床主要部件及其作用。机床主要由床身、工作台、立柱、托板和磨头等部件组成，如图 5-29 所示。

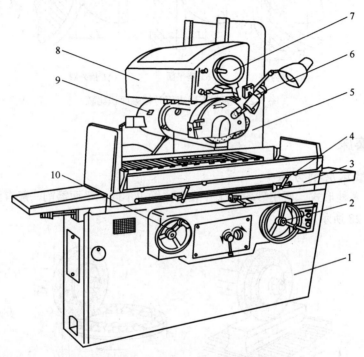

图 5-29　M7120A 型平面磨床外形图

1—床身　2—砂轮垂直进给手轮　3—工作台　4—挡块　5—立柱　6—砂轮修正器

7—砂轮横向进给手轮　8—托板　9—磨头　10—工作台纵向移动手轮

床身 1 是整台机床的基础。床身后侧有立柱 5，用以支持拖板 8 和磨头 9。在立柱侧面有 2 条垂直导轨，拖板就沿导轨由手轮 2 操纵，通过丝杆螺母结构，带动磨头作垂直方向的运动。

托板 8 内部固定有液压缸，下面有燕尾导轨，磨头在液压缸带动下，沿导轨做横向进给运动。

磨头 9 中的砂轮主轴与电动机主轴制成一体。在磨头顶部有 1 齿条与托板手摇机构中的小齿轮啮合，实现手动横向进给。

工作台 3 做纵向往复运动，由液压机构带动，通过安装在工作台正面 T 型槽中的挡块 4，可以控制工作台往复运动的位置。

在工作台上一般附有磁性工作台，用以吸紧工件。

② M7120A 型平面磨床主要技术参数，见表 5-3。

表5-3	M7120A型平面磨床主要技术参数
名　称	技术参数
工件最大尺寸（长×宽×高）	630 mm×200 mm×320 mm
工作台纵向移动最大距离	780 mm
砂轮架横向移动量	250 mm
工作台移动速度	1～18 m/min
砂轮尺寸（外径×宽度×内径）	250 mm×25 mm×75 mm

小　结

　　本章主要介绍了刨削、磨削的加工方法、加工特点和加工范围，刨床的分类和磨床的分类等。着重介绍了龙门刨床和外圆磨床的应用、结构、组成、传动等。

习　题

1. 刨床工作的基本内容有哪些？
2. 试比较刨削和铣削的加工特点。
3. 磨床和刨床是如何分类的并说明其如何选用。
4. 分别说明龙门刨床、牛头刨床、插床的加工运动和应用。
5. 龙门刨床由哪几部分组成，各部分的作用是什么？
6. 磨削加工的主要特点是什么？
7. 磨削内外圆时，一般需要哪些运动，并分别指出哪些是主运动哪些是进给运动。
8. 外圆磨床的主要组成部分有哪些，其作用是什么？

第6章

齿轮加工

【学习目标】

1. 了解齿轮的各种加工方法，掌握各种加工方法的加工精度以及应用范围
2. 熟悉滚齿机、插齿机、磨齿机工作原理、运动及滚齿机挂轮的配换
3. 了解滚齿机、插齿机的主要部件

6.1 齿轮加工方法及特点

机器的传动方式有带传动、链传动、蜗杆传动和齿轮传动等多种。其中，齿轮传动是应用最广泛的一种传动方式。它在传递运动的准确性、传动的平稳性、承受载荷分布的均匀性等方面均表现出了良好的性能。

6.1.1 齿形加工方法

齿轮的齿形加工方法按照加工中有无切屑分为无屑加工和切削加工两大类，无屑加工包括精密铸造、热轧、冷轧和粉末冶金等，这种方法生产率高，材料消耗小，成本低。但是加工的齿轮精度较低，应用有很大的局限性。而用切削加工方法制造的齿轮精度高，能较好的满足机器对齿轮传动精度的各项要求。故在生产中常用。

用切削加工的方法制造齿轮，就其加工原理不同可分为仿形法和展成法 2 种。

（1）仿形法

采用切削刀形状与被切齿轮齿槽形状完全相符的成形刀具，直接切削出齿轮齿形的方法，称为仿形法。如在卧式铣床上用模数盘铣刀或在立式铣床上用模数指状铣刀加工齿轮，如图 6-1 所示。

用仿形法铣削齿轮所用的加工设备为铣床。工件装夹在分度头与尾架之间的心轴上，并以卡箍与分度头主轴上的拨盘相连，如图 6-2 所示。铣削时，铣刀装在铣床刀轴上做旋转运动以

形成齿形，工件随着铣床工作台做直线移动——轴向进给运动，以切削齿宽。当加工完一个齿槽后，使分度头转过一定角度，再切削另一个齿槽，直至切完全部齿槽。此外，还须通过工作台升降做径向进刀，调整切齿深度，达到齿高。当加工模数 $m<1$。要求精度较低的齿轮时，可一次铣出；对于大模数齿轮则要多次铣出。

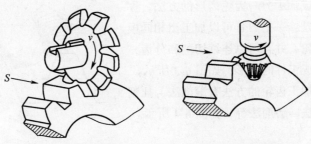

（a）用盘状模数铣刀铣齿　　　　（b）用指状模数铣刀铣齿

图 6-1　用模数铣刀铣削齿轮齿形

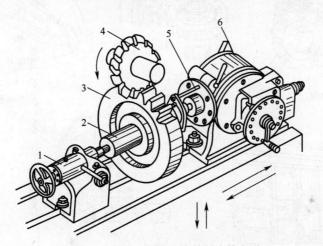

图 6-2　在铣床上用分度头铣削齿轮齿形

1—尾架　2—心轴　3—工件　4—盘状模数铣刀　5—卡箍　6—分度头

由于同模数的齿轮齿形是随其齿数的不同而变化的，因此，要达到精确的齿形曲线，一把模数铣刀只能加工同模数的一种齿数的齿轮，这样就需要根据不同齿数制出很多把铣刀，在生产上既不方便又不经济。为了减少铣刀数量，在实际生产中把同一模数的齿轮按齿数分组，见表 6-1。在同组内采用同一刀号的铣刀进行加工，但这样就会产生齿形误差。

表 6-1　　　　　　　　　　　　　　　**齿轮铣刀的刀号**

刀号	1	2	3	4	5	6	7	8
加工齿数范围	12～13	14～16	17～20	21～25	26～34	35～54	55～134	135 以上

仿形法铣削齿轮，所用刀具、机床及夹具均比较简单。但由于存在着刀具的齿形误差、工件的分齿误差以及刀具的安装误差，致使加工精度较低，一般只能达到 9～10 级精度；同时在加工时需调整切齿深度、分齿不连续等，使得辅助时间长，生产率低。因此，这种方法主要用于单件及修配生产中加工低转速、低精度齿轮。

在大批大量生产中，可采用多齿廓成形刀具加工齿轮，如用齿轮拉刀、齿轮推刀或多齿刀盘等刀具同时加工出齿轮的多个齿槽。

（2）展成法

展成法是利用齿轮啮合原理进行齿形加工的方法。它是以保持刀具和齿坯之间按渐开线齿轮啮合的运动关系来实现齿形的加工。利用一对齿轮的啮合运动，把其中一个齿轮制成具有切削刃的刀具，来完成加工另一齿轮齿形的方法，称为展成法。其特点是：一把刀具可以加工出相同模数的不同齿数的齿轮，并且可以连续切削和分齿，由切削刃包络而展成工件的齿形，如图6-3所示。

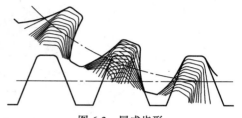

图6-3 展成齿形

利用展成原理加工齿轮的方法有滚削法、插削法、刨削法、剃削法、磨削法等，如图6-4所示。

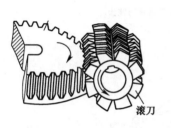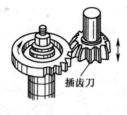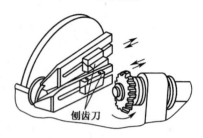

（a）滚削法　　　　　　　（b）插削法　　　　　　　（c）刨削法

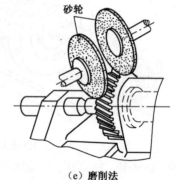

（d）剃削法　　　　　　　　　（e）磨削法

图6-4 用展成原理加工齿形的方法

用展成法加工齿形，加工精度高，生产效率高；但需要专门的刀具和机床，设备费用大。故主要用于成批生产和齿轮精度要求较高的场合。

6.1.2 齿轮加工机床的分类和加工范围

为满足不同的加工要求，用展成原理加工齿形的方法有多种，相应的加工设备也有多种。齿轮加工机床的分类和加工范围见表6-2。

表6-2　　　　　　　　利用展成原理加工齿形的方法

加工方法	刀具	机床	加工精度以及应用范围
滚齿	滚刀	滚齿机	加工精度6~10级，最高能达4级；生产率较高，通用性大，常用以加工直齿、斜齿的外啮合圆柱齿轮和蜗轮

续表

加工方法	刀　具	机　床	加工精度以及应用范围
插齿	插齿刀	插齿机	加工精度 7～9 级，最高达 6 级；生产率较高，通用性大，适宜于加工单联及多联的内、外直齿圆柱齿轮、扇形齿轮及齿条等
剃齿	剃齿刀	剃齿机	加工精度 5～7 级，生产率高，主要用于齿轮的滚、插预加工后、淬火前的精加工
珩齿	珩磨轮	珩齿机	加工精度 6～7 级，多用于经过剃齿和高频淬火后齿形的精加工，提高表面质量，减小齿面的表面粗糙度值
磨齿	砂轮	磨齿机	加工精度 3～7 级，生产率较低，加工成本高，多用于齿形淬硬后的精加工

6.2
滚齿机

在应用展成原理加工齿轮的很多方法中，最常见的是滚齿和插齿两种方法。下面首先介绍滚齿加工原理和滚齿机。

滚齿加工原理。滚齿加工是模拟一对螺旋齿轮的啮合过程，其中滚刀可以看成是一个齿数很少（1～3 齿）但齿很长，能绕滚刀分度圆柱很多圈的螺旋齿轮，这样就很像一个螺旋升角很小的蜗杆。为了形成切削刃，在蜗杆上沿轴线开出容屑槽，以形成前刀面及前角；经铲齿和磨削，形成后刀面与后角；再经热处理，便成为滚刀。滚刀相当于小齿轮，工件相当于大齿轮。滚齿时被切齿轮与滚刀按一定传动比运动，如图 6-5（a）所示。被切齿轮的齿形就是由滚刀刀齿在展成运动中的多个相对位置包络而成，如图 6-5（b）所示。

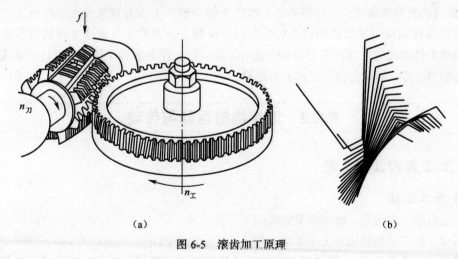

（a）　　　　　　　　　　　　　　（b）

图 6-5　滚齿加工原理

6.2.1　滚齿机的主要组成

Y3150E 型滚齿机用于加工直齿和螺旋齿圆柱齿轮，是齿轮加工中应用较广泛的机床，下面就以其为例，说明滚齿机的主要技术参数和组成。

Y3150E 机床的主要技术参数如下。加工齿轮：最大直径 500mm，最大宽度 250mm，最大模数 8mm，最小齿数 5k（为滚刀头数）；允许安装的滚刀：最大直径 160mm，最大长度 160mm；电机功率 4kW。

Y3150E 型滚齿机床主要由床身、立柱、刀具滑板、滚刀架、后立柱和工作台等部件组成，如图 6-6 所示。

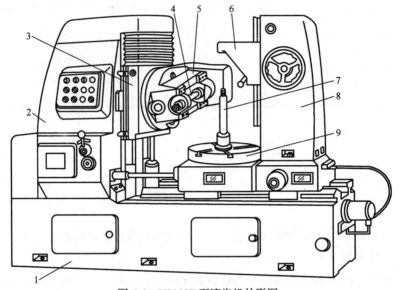

图 6-6　Y3150E 型滚齿机外形图

1—床身　2—立柱　3—刀具滑板　4—滚刀杆　5—滚刀架

6—后支架　7—工件心轴　8—后立柱　9—工作台

立柱 2 固定在床身上，刀具滑板 3 带动滚刀架可沿立柱导轨做垂直进给运动和快速移动；装夹滚刀的滚刀杆 4 装在滚刀架 5 的主轴上，滚刀架连同滚刀一起可沿刀具滑板的弧形导轨在 240° 范围内调整装夹角度。工件装夹在工作台 9 的心轴 7 上或直接装夹在工作台上，随同工作台一起做旋转运动。工作台和后立柱装在同一滑板上，并沿床身的水平导轨做水平调整移动，以调整工件的径向位置或做手动径向进给运动。后立柱上的后支架 6 可通过轴套或顶尖支承工件心轴的上端，以增加滚切工作的平稳性。

6.2.2　滚齿机的运动与传动

1.　加工直齿圆柱齿轮

（1）加工运动

加工直齿圆柱齿轮时，滚齿机要完成以下 3 种运动：

主运动。滚刀的旋转运动为主运动，如图 6-5（a）中的 $n_刀$。

展成运动（分齿运动）。展成运动是指工件相对于滚刀所作的啮合对滚运动，为此滚刀与工件之间必须准确地保持一对啮合齿轮的传动比关系，即：

$$n_工/n_刀 = k/z$$

式中：$n_工$——工件的转数；

$n_刀$——滚刀的转数；

k——滚刀头数；

z——工件齿数。

垂直进给运动。垂直进给运动是滚刀沿工件轴线方向做连续的进给运动，从而保证切出整个齿宽，如图 6-5（a）中的 f。

实现上述 3 个运动，机床就必须具有 3 条相应的传动链。

主运动传动链两端件为电动机和滚刀，滚刀的转速可通过变速箱进行调整。

展成运动传动链两端件为滚刀及工件，通过调整传动比，保证展成运动 $n_工/n_刀=k/z$ 的实现，即滚刀转 1 转，工件转 k/z 转。

垂向进给传动链两端件为工件和滚刀，通过调整传动比，使工件转一转时，滚刀在垂向进给丝杠带动下，沿工件轴向移动所要求的进给量。

（2）传动与配换挂轮

根据滚齿机加工直齿圆柱齿轮时的运动，即可从图 6-7 所示的传动系统图中找出各个运动的传动路线。

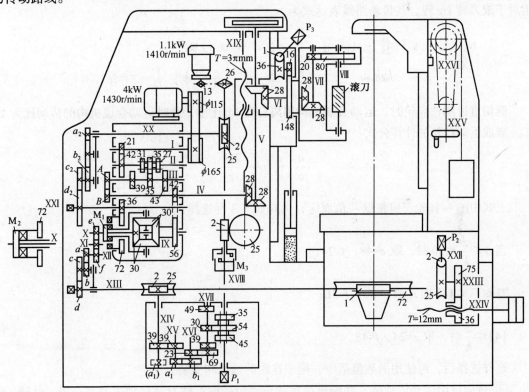

图 6-7　Y3150E 型滚齿机传动系统图

M_1、M_2、M_3—离合器　P_1—滚刀架垂向进给手摇方头　P_2—径向进给手摇方头　P_3—刀架扳角度手摇方头

① 主运动传动链。其传动链的两端件是：主电动机—滚刀主轴。

其传动路线表达式为：

$$
\text{主电动机} \atop {(4kW) \atop (1430r/min)} - \frac{\phi115}{\phi165} - \text{I} - \frac{21}{42} - \text{II} - \begin{bmatrix} \dfrac{31}{39} \\[2mm] \dfrac{35}{35} \\[2mm] \dfrac{27}{43} \end{bmatrix} - \text{III} - \frac{A}{B} - \text{IV} - \frac{28}{28} - \text{V} - \frac{28}{28} - \text{VI} - \frac{28}{28} - \text{VII} - \frac{20}{80} - \text{VIII（滚刀主轴）}
$$

主运动变速挂轮的计算公式：

$$\frac{A}{B} = \frac{n_刀}{124.583 u_{II-III}}$$

式中：$n_刀$——滚刀主轴转速，按合理切削速度及滚刀外径计算；

u_{II-III}——轴 II—III 之间三联滑移齿轮变速组的 3 种传动比。

机床上备有 A、B 挂轮为 $\frac{A}{B} = \frac{22}{44}$、$\frac{33}{33}$、$\frac{44}{22}$。因此，滚刀共有如表 6-3 所列的 9 级转速。

表 6-3 　　　　　　　　　　　　　　滚刀主轴转速

A/B	22/44			33/33			44/22		
u_{II-III}	27/43	31/39	35/35	27/43	31/39	35/35	27/43	31/39	35/35
$n_刀$（r/min）	40	50	63	80	100	125	160	200	250

② 展成运动传动链。展成运动传动链的两端件及其运动关系是：当滚刀转一转时，工件相对于滚刀转 k/z 转。其传动路线表达式为：

$$IV - \frac{28}{28} - V - \frac{28}{28} - VI - \frac{28}{28} - VII - \frac{20}{80} - VIII（滚刀主轴）$$
$$\llcorner\ \frac{42}{56} - IX - 合成机构\ - X - \frac{e}{f} - XII - \frac{a}{b}\ \ \frac{c}{d} - XIII - \frac{1}{72} - 工作台（工作）$$

滚切直齿圆柱齿轮时，运动合成机构用离合器 M_1 连接，此时运动合成机构的传动比为 1。

展成运动挂轮的计算公式：

$$\frac{a}{b}\ \frac{c}{d} = \frac{f}{e}\ \frac{24k}{z}$$

上式中的 $\frac{f}{e}$ 挂轮，应根据 $\frac{z}{k}$ 值而定，可有如下 3 种选择：

当 $5 \leqslant \frac{z}{k} \leqslant 20$ 时，取 $e=48$，$f=24$；

$21 \leqslant \frac{z}{k} \leqslant 142$ 时，取 $e=36$，$f=36$；

$143 \leqslant \frac{z}{k}$ 时，取 $e=24$，$f=48$。

这样选择后，可使用的数值适中，便于挂轮的选取和安装。

③ 垂向进给运动传动链。垂向进给运动传动链的两端件及其运动关系是：当工件转一转时，由滚刀架带动滚刀沿工件轴线进给。其传动路线表达式为：

$$XIII - \frac{1}{72} - 工作台（工件）$$
$$\llcorner\ \frac{2}{25} - XIV - \frac{39}{39} - XV - \frac{a_1}{b_1} - XVI - \frac{23}{69} - XVII - \begin{bmatrix} \frac{49}{35} \\ \frac{30}{54} \\ \frac{39}{45} \end{bmatrix} - XVIII - M_3 - \frac{2}{25} - XIX（刀架垂向进给丝杠）$$

垂向进给运动挂轮的计算公式：

$$\frac{a_1}{b_1} = \frac{f}{0.46\pi u_{XVII\sim XVIII}}$$

式中：f——垂向进给量，单位为 mm/r，根据工件材料、加工精度及表面粗糙度等条件选定；

$u_{XVII\sim XVIII}$——进给箱中轴 XVII 至 XVIII 之间的滑移齿轮变速组的 3 种传动比。

当垂向进给量确定后，可从表 6-4 中查出进给挂轮。

表 6-4　　　　　　　　　　　　垂向进给量及相应的挂轮齿数

a_1/b_1	26/52			32/46			46/32			52/26		
$u_{XVII-XIII}$	$\frac{30}{54}$	$\frac{39}{45}$	$\frac{49}{35}$	$\frac{30}{54}$	$\frac{39}{45}$	$\frac{49}{35}$	$\frac{30}{54}$	$\frac{39}{45}$	$\frac{49}{35}$	$\frac{30}{54}$	$\frac{39}{45}$	$\frac{49}{35}$
f(mm/r)	0.4	0.63	1	0.56	0.87	1.41	1.16	1.8	2.9	1.6	2.5	4

2．加工斜齿圆柱齿轮

（1）加工运动

加工斜齿圆柱齿轮时，除加工直齿圆柱齿轮所需的 3 个运动外，必须给工件一个附加运动。这个附加运动就像卧式车床切削螺纹一样，当刀具沿工件轴线进给等于螺旋线的一个导程时，工件应转一转。

需要特别指出的是，在加工斜齿圆柱齿轮时，展成运动和附加运动这两条传动链需要将两种不同要求的旋转运动同时传给工件。在一般情况下，两个运动同时传到一根轴上时，运动要发生干涉而将轴损坏。所以，在滚齿机上设有把两个任意方向和大小的转动进行合成的机构，即运动合成机构，以此来实现加工斜齿轮时的展成运动和附加运动。运动合成机构通常采用圆柱齿轮或锥齿轮行星机构。Y3150E 型滚齿机所用的运动合成机构，主要由四个模数 m=3 mm、齿数 z=30、螺旋角 β=0° 的弧齿锥齿轮组成，其设置在 IX—X 轴之间，如图 6-7 所示。

加工直齿圆柱齿轮时，展成运动通过运动合成机构的传动比为 1。

（2）传动与配换挂轮

① 主运动传动链。加工斜齿圆柱齿轮时，机床主运动传动链的调整计算与加工直齿圆柱齿轮时相同。

② 展成运动传动链。加工斜齿圆柱齿轮时，虽然展成运动的传动路线以及运动平衡式都和加工直齿圆柱齿轮时相同，但因运动合成机构用 M_2 离合器联接，其传动比应为 1，代入运动平衡式后得挂轮计算公式为：

$$\frac{a}{b}\frac{c}{d} = -\frac{f}{e}\frac{24k}{z}$$

式中负号说明展成运动传动链中轴 X 与 IX 的转向相反。而在加工直齿圆柱齿轮时两轴的转向相同（挂轮计算公式中符号为正）。因此，在调整展成运动挂轮时，必须按机床说明书规定配加惰轮。

③ 垂向进给运动传动链。加工斜齿圆柱齿轮时，垂向进给传动链及其调整计算和加工直齿圆柱齿轮相同。

④ 附加运动传动链。加工斜齿圆柱齿轮时，附加运动传动链的两端件及其运动关系是：当滚刀架带动滚刀垂直移动工件的一个螺旋线导程 L 时，工件应附加转动 ± 1 转。其传动路线

表达式为：

$$\text{XVIII} - M_3 - \frac{2}{25} - \text{XIX（刀架垂向进给丝杠）}$$

$$\frac{2}{25} - \text{XX} - \frac{a_2}{b_2}\frac{c_2}{d_2} - \text{XXI} - \frac{36}{72} - M_2 - \text{合成机构} - \text{X} - \frac{e}{f} - \text{XII} - \frac{a}{b}\frac{c}{a} - \text{XIII} - \frac{1}{72} - \text{工作台（工件）}$$

附加运动挂轮的计算公式：

$$\frac{a_2}{b_2}\frac{c_2}{d_2} = \pm 9\frac{\sin\beta}{m_n k}$$

式中：β——被加工齿轮的螺旋角；

　　　m_n——被加工齿轮的法向模数；

　　　k——滚刀头数。

式中的"±"表明工件附加运动的旋转方向，它决定工件的螺旋方向和刀架进给运动的方向。在计算挂轮齿数时，"±"值可不予考虑，但在安装附加运动挂轮时，应按机床说明书规定配加惰轮。

附加运动挂轮计算公式中包含有无理数 $\sin\beta$，影响配算挂轮的准确性。实际选配的附加运动挂轮传动比与理论计算的传动比之间的误差，对于 8 级精度的斜齿轮，要准确到小数点后第四位数字，对于 7 级精度的斜齿轮，要准确到小数点后第 5 位数字，才能保证不超过精度标准中规定的齿向允差。

在 Y3150E 型滚齿机上，展成运动、垂向进给运动和附加运动 3 条传动链的调整，共用一套模数为 2mm 的配换挂轮，其齿数为：20（两个）、23、24、25、26、30、32、33、34、35、37、40、41、43、45、46、47、48、50、52、53、55、57、58、59、60（两个）、61、62、65、67、70、71、73、75、79、80、83、85、89、90、92、95、97、98、100 共 47 个。

3. 加工蜗轮时的调整计算

Y3150E 型滚齿机，通常用径向进给法加工蜗轮，如图 6-8 所示。加工时共需 3 个运动：主运动、展成运动和径向进给运动。主运动及展成运动传动链的调整计算与加工直齿圆柱齿轮相同，径向进给运动只能手动。此时，应将离合器 M_3 脱开，使垂向进给传动链断开。转动方头 P_2 经蜗杆蜗轮副 2/25、齿轮副 75/36 带动螺母转动，使工作台溜板做径向进给。

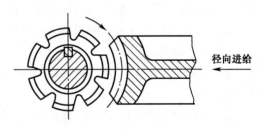

图 6-8　径向切入法加工蜗轮

工作台溜板可由液压缸驱动做快速趋近和退离刀具的调整移动。

4. 滚刀架的快速垂直移动

利用快速电动机（1.1kW，1 410 r/min）可使刀架作快速升降运动，以便调整刀架位置及在进给前后实现快进和快退。此外，在加工斜齿圆柱齿轮时，启动快速电动机，可经附加运动传动链带动工作台旋转，以便检查工作台附加运动的方向是否正确。

刀架快速垂直移动的传动路线表达式为：

$$\text{快速电动机} - \frac{13}{36} - \text{XVIII} - M_3 - \frac{2}{25} - \text{XIX（刀架垂向进给丝杠）}$$

刀架快速移动的方向可通过快速电动机的正反转来变换。在 Y3150E 滚齿机上，启动快速电动机前，必须先用操纵手柄将轴 XVIII 上的三联滑移齿轮移到空挡位置，以脱开 XVII 和 XVIII 之间的传动联系，如图 6-7 所示。为了确保操作安全，机床设有电气互锁装置，保证只有当操纵手柄放在"快速移动"的位置上时，才能启动快速电动机。

应注意的是，在加工一个斜齿圆柱齿轮的整个过程中，展成运动链和附加运动链都不可脱开。例如，在第一刀粗切完毕后，需将刀架快速向上退回，以便进行第二次切削，切削时，绝不可分开展成运动和附加运动传动链中的挂轮或离合器，否则将会使工件产生乱刀及斜齿被破坏等现象，并可能造成刀具或机床的损坏。

5. 机床的工作调整

（1）滚刀
齿轮滚刀的外形就是阿基米德蜗杆。滚刀切削刃必须在该蜗杆的螺纹表面上。

滚刀的法向模数、压力角应与被切齿轮的法向模数、压力角相等。

按国家标准规定，齿轮滚刀的精度分为 4 级：AA、A、B、C。一般情况下，AA 级齿轮滚刀可加工 6~7 级齿轮，A 级可加工 7~8 级齿轮，B 级可加工 8~9 级齿轮，C 级可加工 9~10 级齿轮。在用齿轮滚刀加工齿轮时，应按齿轮要求的精度级，选用相应精度级的齿轮滚刀。

（2）滚刀旋转方向和展成运动方向的确定
无论是左旋滚刀还是右旋滚刀，滚刀旋转方向一般都是：当操作者面对滚刀时，滚刀应"从上到下"（即"从里向外"）旋转；而展成运动的旋转方向，决定于滚刀的螺旋方向。当用右旋滚刀加工时，展成运动为逆时针方向旋转；用左旋滚刀加工时，展成运动为顺时针方向转动，如图 6-9 所示。

在加工螺旋齿圆柱齿轮时，展成运动的旋转方向与以上相同，而附加运动的旋转方向，则决定于工件的螺旋方向，与滚刀螺旋方向无关。加工右旋齿轮时，附加运动为逆时针方向转动；加工左旋齿轮时为顺时针方向转动，如图 6-10 所示虚线箭头所示。

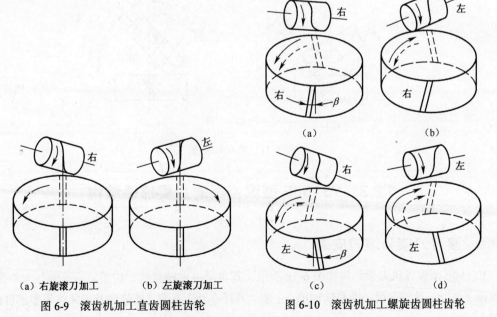

（a）右旋滚刀加工　　（b）左旋滚刀加工

图 6-9　滚齿机加工直齿圆柱齿轮

（a）　　（b）　　（c）　　（d）

图 6-10　滚齿机加工螺旋齿圆柱齿轮

（3）确定滚刀架扳动角度的方向和大小

在滚切齿轮时，为保证滚刀和工件处于正确的啮合位置，切出合格的齿轮，应使滚刀切削齿的运动方向与被加工齿轮的齿向一致。

① 当加工直齿圆柱齿轮时，应使滚刀轴线与工件的定位平面成 δ 角度，δ 称为滚刀安装角。δ 角的大小等于滚刀的螺旋升角 λ，扳动角度的方向决定于滚刀的螺旋线方向。当用右旋滚刀时，顺时针扳动滚刀架，如图 6-11（a）所示；用左旋滚刀则逆时针扳动滚刀架，如图 6-11（b）所示。

② 当加工螺旋齿圆柱齿轮时，由于螺旋齿轮有一螺旋角 β，因此 δ 角与滚刀的螺旋升角 λ 和工件的螺旋角 β 有关，且与两者的螺旋线方向有关。当滚刀与工件的螺旋线方向相同时，滚刀架应扳动 $\delta=\beta-\lambda$ 如图 6-11（c）、图 6-11（e）所示；当两者的螺旋线方向相反时，$\delta=\beta+\lambda$，如图 6-11（d）、图 6-11（f）所示。

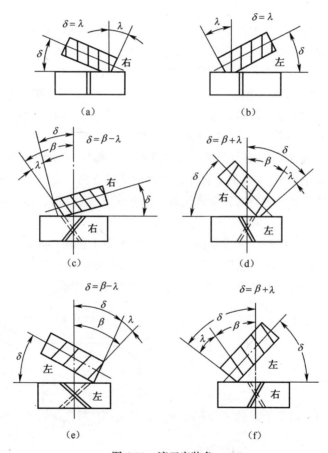

图 6-11　滚刀安装角

6.2.3　Y3150E 型滚齿机的主要部件结构

1. 滚刀刀架和滚刀安装

Y3150E 型滚齿机刀架结构如图 6-12 所示，其主要由主轴套筒、齿条、方头轴、大小齿轮、圆锥滚子轴承、花键套筒、推力球轴承、主轴、刀杆、刀垫支架、外锥套及刀架体等零部件组成。

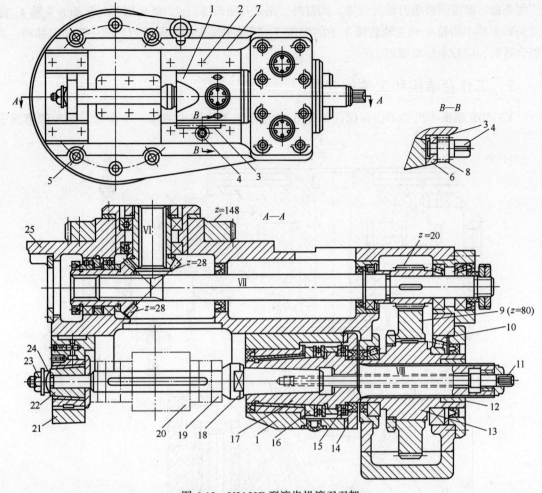

图 6-12　Y3150E 型滚齿机滚刀刀架

1—主轴套筒　2、5—螺钉　3—齿条　4—方头轴　6、7—压板　8—小齿轮　9—大齿轮　10—圆锥滚子轴承
11—拉杆　12—铜套　13—花键套筒　14、16—调整垫片　15—推力球轴承　17—主轴　18—刀杆
19—刀垫　20—滚刀　21—支架　22—外锥套　23—螺母　24—球面垫圈　25—刀架体

　　刀架体 25 被 6 个螺钉 5 固定在刀架溜板上。调整滚刀安装角时，应先松开螺钉 5，然后用扳手转动刀架溜板上的方头 P_3，如图 6-7 所示，经蜗杆副 1/36 及齿轮 z_{16} 带动固定在刀架体上的齿轮 z_{148}，使刀架体回转至所需的滚刀安装角。调整完毕，拧紧螺钉 5 上的螺母。

　　主轴 17 前端用内锥外圆的滑动轴承支承，以承受径向力，并用两个推力球轴承 15 承受轴向力。主轴后端通过铜套 12 及花键套筒 13 支承在两个圆锥滚子轴承 10 上。当主轴前端的滑动轴承磨损引起主轴径向跳动超过允许值时，可拆下垫片 14 及 16，磨去相同的厚度，调配至符合要求时为止。如仅需调整主轴的轴向窜动，则只要将垫片 14 适当磨薄即可。

　　安装滚刀的刀杆 18 用锥柄安装在主轴前端的锥孔内，并用拉杆 11 将其拉紧。刀杆左端支承在支架 21 的滑动轴承上，支架 21 可在刀架体上沿主轴轴线方向调整位置，并用压板固定在所需位置上。

　　安装滚刀时，为使滚刀的刀齿（或齿槽）对称于工件的轴线，以保证加工出的齿廓两侧齿面对称。另外，为使滚刀的磨损不过于集中在局部长度上，而是沿全长均匀地磨损，以提高其使用寿命，都需调整滚刀轴向位置。调整时，先松开压板螺钉2，然后用手柄转动方头轴4，经方头轴上的小齿轮8和主轴套筒1上的齿条3，带动主轴套筒连同滚刀主轴一起轴向移动。调整合适后，应拧紧压板螺钉。

2．工作台结构和工件的安装

Y3150E 型滚齿机的工作台结构如图 6-13 所示，其主要由溜板、工作台、蜗轮圆锥滚子

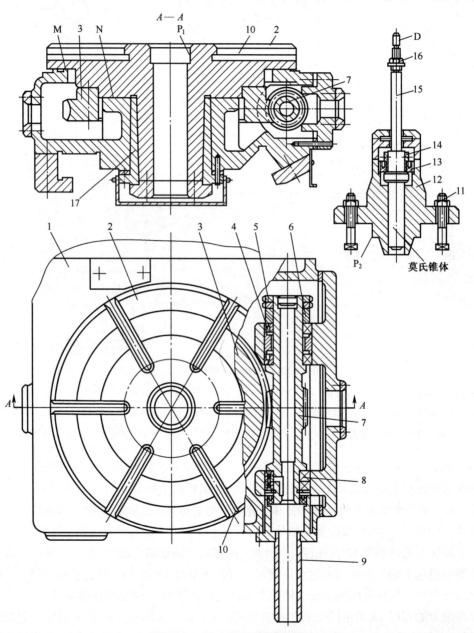

图 6-13　Y3150E 型滚齿机工作台

1—溜板　2—工作台　3—蜗轮　4—圆锥滚子轴承　5—螺母　6—隔套　7—蜗杆　8—角接触球轴承

9—套筒　10—T 型槽　11—T 型螺钉　12—底座　13、16—压紧螺母　14—锁紧套

15—工件心轴　17—锥体滑动轴承

轴承、角接触球轴承、套筒、底座、压紧螺母、锁紧套、工件心轴、锥体滑动轴承等零部件组成。

工作台 2 的下部有一圆锥体，与溜板 1 壳体上的锥体滑动轴承 17 精密配合，以定中心。工作台支承在溜板壳体的环形平面导轨 M 和 N 上做旋转运动。分度蜗轮 3 用螺栓及定位销固定在工作台的下平面上，与分度蜗轮相啮合的蜗杆 7 由两个圆锥滚子轴承 4 和两个角接触球轴承 8 支承着，通过双螺母 5 可以调节圆锥滚子轴承 4 的间隙。底座 12 用它的圆柱表面 P_2 与工作台中心孔上的 P_1 孔配合定中心，并用 T 形螺钉 11 紧固在工作台 2 上；工件心轴 15 通过莫氏锥孔配合，安装在底座 12 上，用其上的压紧螺母 13 压紧，用锁紧套 14 两旁的螺钉锁紧以防松动。

加工小尺寸的齿轮时，工件可安装在心轴 15 上，心轴上端的圆柱体 D 可用后立柱上的顶尖或套筒支撑起来。加工大尺寸的齿轮时，可用具有大端面的心轴底座装夹，并尽量在靠近加工部位的轮缘处夹紧。

6.3 | 其他齿轮加工机床简介

加工齿轮的机床除滚齿机外，还有插齿机、刨齿机、剃齿机和磨齿机等多种，下面简单介绍插齿机和磨齿机。

6.3.1 插齿机

1. 插齿加工原理

插齿机是以一对无间隙啮合运动（展成运动）的直齿圆柱齿轮传动为基础，对齿轮进行加工的，如图 6-14（a）所示。

插齿刀相当于在端面上磨出前角，齿顶和齿侧磨出后角，形成切削刃的一个直齿圆柱齿轮。插齿时，插齿刀沿工件轴向做直线往复运动，插齿刀每往复一次，在轮坯上切出齿槽的一小部分，配合着展成运动，便依次切出齿轮的全部渐开线齿廓。

齿轮的齿形是由插齿刀齿形即刀口多个连续位置包络而成，如图 6-14（b）所示。

2. 插齿机的组成与运动

（1）插齿机的组成

Y5132 型插齿机由床身、立柱、刀架座、插齿刀主轴、工作台、工作台溜板等组成，如图 6-15 所示。

（2）插齿机的运动

加工直齿圆柱齿轮时，插齿机应具有的运动如图 6-14（a）所示：

① 主切削运动。插齿刀上下往复运动为主运动，以每分钟往复次数 n 表示。

② 圆周进给运动。圆周进给运动是插齿刀绕自身轴线的旋转运动。圆周进给量以插齿刀

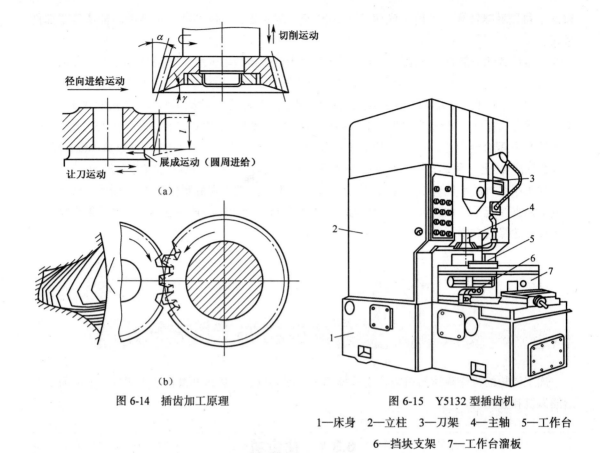

图 6-14 插齿加工原理

图 6-15 Y5132 型插齿机

1—床身 2—立柱 3—刀架 4—主轴 5—工作台

6—挡块支架 7—工作台溜板

每往复行程一次，插齿刀转过的分度圆弧长来表示。

③ 展成运动。工件与插齿刀所做的啮合旋转运动为展成运动。

④ 径向进给运动。径向进给运动就是工件逐渐地向插齿刀做径向送进，直至插齿刀切至齿全深后，工件再回转一整转，便加工出全部完整的齿形。径向进给量是以插齿刀每次往复行程中工件径向进给的距离来表示。

⑤ 让刀运动。插齿时，插齿刀向下直线运动进行切削，为加工行程；向上直线运动不进行切削，为空行程。为了避免插齿刀在回程时擦伤工件已加工表面，减少刀具磨损，刀具和工件之间应让开一小段距离（一般为 0.5 mm 的间隙）；而在插齿刀加工行程之前，又迅速恢复到原位，使刀具继续切削工件。这种让开和恢复原位的运动称为让刀运动。

3. 插齿刀的选用

插齿刀标准中规定，直齿插齿刀有 3 种类型，如图 6-16 所示。盘形插齿刀应用最为普遍。碗形插齿刀的刀体凹孔较深，能容纳夹紧用螺母，适合加工多联或带凸肩的齿轮，以防螺母碰工件端面。锥柄插齿刀适合于加工内齿轮。

插齿刀精度等级可分为 AA、A、B 级，分别适用于加工 6、7、8 级齿轮。

4. 插齿的工艺特点

插齿同滚齿相比，在加工质量、生产率和应用范围方面均有其特点。

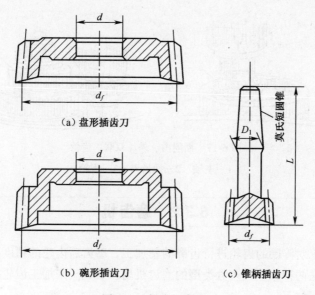

（a）盘形插齿刀

（b）碗形插齿刀　　　　（c）锥柄插齿刀

图 6-16　插齿刀类型

（1）插齿的加工质量

经过插齿的齿轮，其齿形误差较小，齿面的表面粗糙度 R_a 值小，但公法线长度变动较大。

齿形误差较小，是因为插齿所用插齿刀的齿形，在设计上没有近似造成误差，在制造上可通过高精度磨齿机获得精确的渐开线齿形。

齿面的表面粗糙度 R_a 值小，是因为插齿过程中包络齿面的切削刃数较滚齿多得多。由插齿原理可知，包络齿面的切削刃数取决于展成运动的快慢，而展成运动的快慢由插齿时的圆周进给量决定。插齿的圆周进给量通常较小，而且可以调节，故齿面的表面粗糙度 R_a 值较小。

公法线长度变动较大，是因为插齿时引起齿轮切向误差的因素较滚齿多。除了机床工作台分度蜗轮的制造和安装误差外，插齿刀本身制造时的齿距累积误差、插齿刀的安装误差及插齿机上带动刀具旋转的蜗轮的齿距累积误差，使插齿刀旋转时又出现较大的转角误差。当插齿刀与齿坯对滚时，上述所有误差使齿轮沿切向产生更大的齿距累积误差，因而使公法线长度变动较大。为减小此项误差，除了要正确选择插齿刀的精度等级外，装夹插齿刀后还应认真检查其径向圆跳动和端面圆跳动，并注意带动刀具旋转的蜗轮副的精度状况。插齿实践表明，蜗轮副的精度往往是公法线长度变动增大的主要因素。

（2）插齿的生产率

插削模数较大的齿轮时，由于插齿刀的刚性较差，切削用量比较小，切削过程又有空程时间损失，故生产率比滚齿要低。但对于插削模数较小的齿轮，特别是宽度较小的齿轮，其生产率并不低于滚齿。因此，插齿多用于中、小模数齿轮的加工。

（3）插齿的应用范围

插齿的应用范围很广，它除了能加工一般的外啮合直齿轮外，特别适宜于加工齿圈轴向距离较小的多联齿轮、内齿轮（如图 6-17 所示）、齿条和扇形齿轮等。对于外啮合的斜齿轮，虽然通过靠模可以加工，但远不及滚齿方便，且插齿不能加工蜗轮。

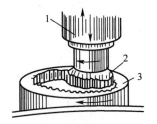
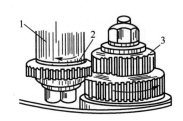

图 6-17 插削内、外（双联）齿轮

1—主轴 2—插齿刀 3—齿轮

6.3.2 磨齿机

磨齿机主要用于对淬硬的齿轮进行齿廓的精加工，磨齿后齿轮的精度可达 6 级以上。磨齿也有成形法和展成法两种，但大多数类型的磨齿机均以展成法来加工齿轮。现将几种磨齿机的工作原理及特点介绍如下。

1. 用成形法工作的磨齿机

这类磨齿机又称为成形砂轮磨齿机，砂轮的截面形状修整成与工件齿间的齿廓形状相同。成形砂轮磨齿机的加工精度主要取决于砂轮的形状和分度精度。

成形砂轮磨齿机的构造较简单，生产率较高。缺点是砂轮修整时容易产生误差，砂轮在磨削过程中各部分磨损不均匀，因而影响加工精度。所以这种磨齿机一般用于成批生产中磨削精度要求不太高的齿轮以及用展成法难以磨削的内齿轮。

2. 用连续分度展成法工作的磨齿机

用连续分度展成法工作的磨齿机是利用蜗杆形砂轮来磨削齿轮轮齿的，如图 6-18 所示，因此称为蜗杆砂轮磨齿机。其工作原理和滚齿机相同，但轴向进给运动一般由工件完成。由于在加工过程中是连续磨削，所以其生产率在各类磨齿机中是最高的。它的缺点是砂轮修整困难，不易达到高精度，磨削不同模数的齿轮时需要更换砂轮；联系砂轮与工件的传动链的各个传动环节转速很高，用机械传动易产生噪声，磨损较快。这种磨齿机适用于中小模数齿轮的成批和大量生产。

图 6-18 蜗杆砂轮磨齿机工作原理

3. 用单齿分度展成法工作的磨齿机

这类磨齿机根据砂轮形状有锥形砂轮磨齿机、碟形砂轮磨齿机等。它们的工作原理相同，都是利用齿条和齿轮的啮合原理来磨削轮齿的，如图 6-19 所示。加工时，被切齿轮每往复滚动一次，完成一个或两个齿面的磨削，因此需经多次分度及加工，才能完成全部轮齿齿面的加工。

（1）碟形砂轮磨齿机

碟形砂轮磨齿机用两个碟形砂轮的端平面来形成假想齿条的两个齿侧面，如图 6-19（a）

所示，同时磨削齿槽的左右齿面。工作时，砂轮作旋转的主运动 B_1；工件既作转动 B_{31}，同时又做直线移动 A_{32}，工件的这两个运动即是形成渐开线齿廓所需的展成运动；为了要磨削整个齿宽，工件还需要做轴向进给运动 A_2；在每磨完一个齿后，工件还需要进行分度。

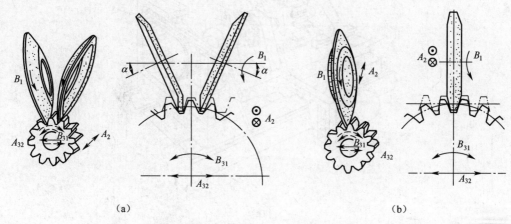

图 6-19　单齿分度展成法磨齿机的工作原理

碟形砂轮磨齿机的加工精度较高，其主要原因是砂轮工作棱边很窄，磨削接触面积小，磨削力和磨削热也很小，机床具有砂轮自动修整与补偿装置，使砂轮能始终保持锐利和良好的工作精度，因而磨齿精度较高，最高可达 4 级，是各类磨齿机中磨齿精度最高的一种。其缺点是砂轮刚性较差，磨削用量受到限制，所以生产率较低。

（2）锥形砂轮磨齿机

锥形砂轮磨齿机是用锥形砂轮的侧面来形成假想齿条一个齿的齿侧来磨削齿轮的，如图 6-19（b）所示。加工时，砂轮除了做旋转的主运动 B_1 外，还做纵向直线运动 A_2，以便磨出整个齿宽。其展成运动与碟形砂轮磨齿机相同，也是由工件做转动 B_{31} 的同时又做直线运动 A_{32} 来实现的。工件往复滚动一次，磨完一个齿槽的两侧齿面后，再进行分度，磨削下一个齿槽。

锥形砂轮磨齿机的生产率较碟形砂轮磨齿机高，这主要是因为锥形砂轮刚度较高，可选用较大的切削用量。其主要缺点是砂轮形状不易修整准确，磨损较快且不均匀，因而加工精度较低。

在用单齿分度展成法工作的各种磨齿机上，为了实现工件相对于假想齿条所作的纯滚动（展成运动），常采用钢带滚圆盘机构，其工作原理如图 6-20 所示。纵向溜板 8 上固定有支架 7，横向溜板 11 上装有工件主轴 3，其前端安装工件 2，后端通过分度机构 4 与滚圆盘 6 连接。钢带 5 及 9 的一端固定在滚圆盘 6 上，另一端固定在支架 7 上，并沿水平方向张紧。当横向溜板 11 由曲柄盘 10 驱动做横向直线往复运动时，滚圆盘 6 因受钢带 5 及 9 约束而转动，从而工件主轴一边随横向溜板移动，一边转动，带动工件 2 沿假想齿条（由砂轮工作面形成）的节线作纯滚动，这样就实现了展成运动。

利用滚圆盘机构实现展成运动可以大大缩短传动链，且没有传动间隙，因此传动误差小，加工精度高。

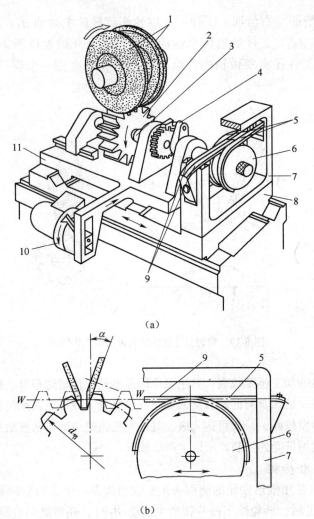

(a)

(b)

图 6-20　滚圆盘机构工作原理
1—碟形砂轮　2—工件　3—工件主轴　4—分度机构　5、9—钢带　6—滚圆盘
7—支架　8—纵向溜板　10—曲柄盘　11—横向溜板

小　结

　　本章重点介绍了齿轮加工方法、各种方法的应用特点；对滚、插齿机的工作原理、组成、工作过程，滚、插刀的选用及滚、插齿机床部分部件作了详细的介绍；对齿轮的磨削加工运动及常用的磨床种类和工作过程作了介绍。

习　题

　　1. 圆柱齿轮的齿形加工有哪几种方法？各有什么特点？

2. 试述滚齿加工原理。写出用齿轮滚刀滚切直齿圆柱齿轮时应具有的运动。

3. 滚切斜齿圆柱齿轮与滚切直齿圆柱齿轮时的运动有何区别？

4. 齿轮滚刀结构有什么特点？如何选择齿轮滚刀？

5. 滚刀装夹为什么要倾斜一个角度？其装夹角大小取决于什么？

6. 试述插齿加工原理。写出插削直齿圆柱齿轮时，插齿机应具有的运动。

7. 插齿刀结构有何特点？如何选用插齿刀？

8. 试述插齿同滚齿相比有何工艺特点？

9. 磨齿加工的特点是什么？

10. 磨齿机分为几类，各类有什么特点？

第7章

数控车削加工

【学习目标】

1. 了解数控机床的特点、组成及各部分的作用
2. 了解数控车床的特点、组成、结构和传动
3. 能根据数控车床的工艺范围和具体生产条件，正确选用数控车床

7.1 数控车削加工方法及特点

数控机床是指采用数字信息控制的机床，即用数字化的代码将零件加工过程中的各种操作和步骤以及刀具与零件之间的相对位移量等记录在程序介质上，送入计算机或数控系统，经过译码、运算及处理，控制机床的刀具与零件的相对运动，加工出所需要零件的机床。

1. 数控机床的特点

数控机床较好地解决了复杂、精密、小批、多变零件的加工问题，是一种灵活的、高效能的自动化机床，尤其对于约占机械加工总量80%的单件、小批量零件的加工，更显示出其特有的灵活性。概括起来，数控机床有以下几方面的特点。

① 提高加工精度，尤其提高了同批零件加工的一致性，使产品质量稳定。

② 提高生产效率，约提高效率3~5倍，使用数控加工中心机床则可提高生产率5~10倍。

③ 可加工形状复杂的零件。

④ 减轻劳动强度，改善劳动条件。

⑤ 有利于生产管理和机械加工自动化的发展。

数控机床是计算机辅助设计和制造（CAD/CAM）、柔性制造系统（FMS）、计算机集成制造系统（CIMS）等柔性加工和制造的基础。

但是，数控机床的初期投资和技术维修费用较高，要求管理和操作人员的素质也较高。只要合理地选择和使用数控机床，才可以降低生产成本、提高经济效益和增强企业的市场竞争

能力。

2. 数控机床的组成

数控机床一般由控制介质、数控装置、伺服系统、测量反馈装置和机床本体组成。图 7-1 所示为闭环控制的数控机床框图。各组成部分的功能简述如下。

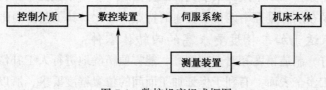

图 7-1　数控机床组成框图

（1）控制介质

数控机床工作时，控制介质（或称程序介质、输入介质、信息载体）把人们的控制信息传输给数控机床，从而实现自动加工。

常用的控制介质是 8 单位的标准穿孔带，且常用的穿孔带是纸质的，故又称纸带。其宽为 25.4 mm，厚 0.108 mm，每行除了必须有一个 $\phi 1.17$ mm 的同步孔外，最多可以有 8 个 $\phi 1.33$ mm 的信息孔。用每行 8 个孔有无的排列组合来表示不同的代码（纸带上孔的排列规定称为代码）。把穿孔带输入到数控装置的读带机，再由读带机把穿孔带上的代码转换为数控装置可以识别和处理的电信号，并传送到数控装置中去，就完成了指令信息的输入工作。

（2）数控装置

数控装置接收输入介质的信息，并将其代码加以识别、储存、运算，输出相应的指令脉冲以驱动伺服系统，进而控制机床动作。

数控装置一般由输入装置、存储器、控制器、运算器、输出装置等组成。在计算机数控机床中，由于计算机本身即含有运算器、控制器等上述单元，因此其数控装置的作用由一台计算机来完成。

（3）伺服系统

伺服系统的作用是把来自数控装置的脉冲信号转换为机床移动部件的运动，使工作台（或溜板）精确定位或按规定的轨迹做严格的相对运动，最后加工出符合图纸要求的零件。

在数控机床的伺服系统中，常用的伺服驱动元件有功率步进电动机、电液脉冲马达、直流伺服电动机和交流伺服电动机等。

（4）测量反馈装置

测量反馈装置主要是用于检测位移和速度，并将信息反馈给控制系统，构成闭环控制或半闭环控制系统。无测量反馈装置的系统称为开环系统。测量反馈装置是由检测元件和相应的电路组成，常用的测量元件有脉冲编码器、旋转变压器、感应同步器、光栅、磁尺及激光位移检测系统等。

（5）机床本体

数控机床中的机床本体，设计要求比通用机床更严格，制造要求更精密。在数控机床设计时，采用了许多新的加强刚性、减小热变形、提高精度等方面的措施，使得数控机床的外部造型、整体布局、传动系统以及刀具系统等方面与普通机床相比都已发生了很大变化。

7.1.1　数控车床工艺范围与类型

1. 数控车床工艺范围

数控车削加工是数控加工中用的最多的加工方法之一。由于数控车床具有加工精度高，能做直线和圆弧插补及在加工过程中能自动变速的特点，因此，其工艺范围比普通车床宽。

（1）数控车床适于加工精度要求高的回转体零件

数控车床刚性好，制造精度和对刀精度高，能方便精确地进行人工补偿和自动补偿，且工件一次装夹可以加工多个表面，有利于保证加工面间的位置精度要求，所以数控车床的加工精度高，一般可达 IT5 ~ IT6。

（2）数控车床适于加工表面质量要求高的回转体零件

在工件材料、车削余量以及刀具一定的条件下，被加工件的表面粗糙度取决于进给量和切削速度。数控车床的恒线速切削功能，为加工出表面粗糙度值小而均匀的零件创造了条件，一般 $R_a < 1.6\mu m$。

（3）数控车床适于加工形状复杂的回转体零件

数控车床的直线插补和圆弧插补功能，使得数控车床可以加工任意直线和曲线组成的形状复杂的回转体零件。

（4）数控车床适于加工带特殊螺纹的回转体零件

数控车床不但和普通车床一样可以车削等导程的直、锥面公英制螺纹，还可以车削增导程，减导程，增、减导程及等导程与变导程之间平滑过渡的螺纹等。数控车床车削螺纹精度高，表面粗糙度小，效率高。

2. 数控车床的类型

（1）水平床身（即卧式车床）

它有单轴卧式和双轴卧式之分。由于刀架拖板运动很少需要手摇操作，所以刀架一般安放于轴心线后部，其主要运动范围亦在轴心线后半部，可使操作者易接近工件。采用短床身占地小，宜于加工盘类零件。

（2）倾斜式床身

它在水平导轨床身上布置三角形截面的床鞍。其布局兼有水平床身造价低、横滑板导轨倾斜便于排屑和易接近操作的优点。它有小规格、中规格和大规格 3 种。

（3）立式数控车床

它分单柱立式和双柱立式数控车床。采用主轴立置方式，适用于加工中等尺寸盘类和壳体类零件。便于装卸工件。

（4）高精度数控车床

它分中、小规格两种。适于精密仪器、航天及电子行业的精密零件。

（5）四坐标数控车床

四坐标数控车床设有两个 x、z 坐标或多坐标复式刀架。可提高加工效率，扩大工艺能力。

（6）车削加工中心

车削中心可在一台车床上完成多道工序的加工，从而缩短了加工周期，提高了机床的生产效率和加工精度。若配上机械手、刀库料台和自动测量监控装置构成车加工单元，可用于中小批量的柔性加工。

（7）各种专用数控车床

专用数控车床有数控卡盘车床、数控管子车床等。

7.1.2　数控车床的特点

数控车床与普通车床比较，有如下的特点。

（1）精度高

由于数控机床机械结构简单，故传动件的累计误差小，且数控系统的性能较高，所以数控车床的精度高。

（2）效率高

由于一次装夹可以加工零件的多个表面，且主轴转速、传动功率不断提高，其加工效率比普通车床提高 2~5 倍。

（3）可靠性高

随着数控系统性能和稳定性的提高，数控车床工作的可靠性也随之提高。

（4）柔性高

通过改变程序，数控车床可以自动加工 70%以上的多品种、小批量的零件。

（5）工艺能力强

数控车床可对零件粗、精加工，对零件一次装夹可加工多个表面。

（6）封闭型外形

数控车床的封闭外形，隔离噪声，提高了安全性。

7.2

数控车床的组成与传动

7.2.1　数控车床的组成与技术参数

1. 数控车床的基本组成

数控车床的组成基本与普通车床相同。同样具有床身、主轴、刀架及其拖板和尾座等基本部件，但数控柜、操作面板和显示监控器却是数控机床特有的部件。即使对于机械部件，数控车床和普通车床也具有很大的区别，例如，数控车床的主轴箱内部省掉了机械式的齿轮变速部件，因而结构非常简单；车螺纹也不再需要另配丝杆和挂轮；刻度盘式的手摇移动调节机构也已被脉冲触发计数装置所取代。下面以 CK7815 型数控车床为例，介绍数控车床的结构组成。

CK7815 型数控车床为两坐标联动半闭环控制的 CNC 车床。该车床能车削直线（圆柱面）、斜线（锥面）、圆弧（成形面）、公制和英制螺纹（圆柱螺纹、锥螺纹及多头螺纹），能对盘形零件进行钻、扩、铰和镗孔加工。

CK7815 型数控车床如图 7-2 所示。其床身导轨为 60° 倾斜布置，排屑方便。导轨截面为矩形，刚性很好。主轴由直流或交流调速电机驱动，主轴尾端带有液压夹紧油缸，可用于快速自动装夹工件。床鞍溜板上装有横向进给驱动装置和转塔刀架，刀盘可选配 8 位小刀盘和 12 位大刀盘。纵横向进给系统采用直流伺服电动机带动滚珠丝杠，使刀架移动。尾座套筒采用液压驱动。可采用光电读带机和手工键盘程序输入方式，带有 CRT 显示器、数控操作面板和机械操作面板。另外还有液动式防护门罩和排屑装置。若再配置上下料的工业机器人，就可以形成一个柔性制造单元（FMC）。

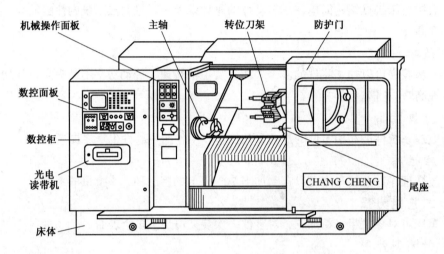

图 7-2　CK7815 型数控车床

2. 数控车床的主要技术参数

CK7815 型数控车床的主要技术参数见表 7-1。

表 7-1　　　　　　　　　　　CK7815 型数控车床主要技术参数

最大回转直径（床身上/床鞍上）	540 mm/260 mm
盘类零件最大车削直径	400 mm
轴类零件最大车削直径	150 mm
外圆最小车削直径	10 mm
最大车削长度	500 mm
刀具	
刀具数	8 或 12
刀架纵向行程	660 mm
刀架横向行程	240 mm
进给	

续表

进给伺服电动机	额定功率	1.4 kW
	额定转速	1 500 r/min
进给速度	0.01 ~ 500 mm/r　0.000 1 ~ 50 in/r	
	1 ~ 2 000 mm/min　0.01 ~ 600 in/min	
快移速度	纵向（z 轴）	12 m/min
	横向（x 轴）	9 m/min
尾架		
尾架驱动方式	液压	
尾座行程	90 mm	
预紧力	1 600 ~ 5 000 N	
锥孔锥度	莫氏 4 号	
主轴		
主轴电动机功率	连续	5.5 kW
	30 min	7.5 kW
主轴转速范围（无级）	直流电动机	交流电动机
高速区	38 ~ 3 000 r/min	37.5 ~ 5 000 r/min
低速区	22 ~ 1 800 r/min	15 ~ 2 000 r/min
主轴锥孔锥度	莫氏 5 号	
精度		
横向定位精度	± 0.025 mm/300 mm	
重复定位精度	± 0.01 mm	
加工零件直径误差	± 0.018 mm	
圆度误差	± 0.01 mm	
端面平面度误差	± 0.027 mm	

7.2.2　数控车床的传动

CK7815 型数控车床的传动系统如图 7-3 所示。

（1）主传动

主轴由 AC—6 型 5.5 kW 交流调速电动机或 DC—8 型 1.1 kW 直流调速电动机驱动，靠电器系统实现无级变速。由于电动机调速范围的限制，故采用两级宝塔皮带轮实施高、低两挡速度的手工切换，在其中某挡的范围内可由程序代码 S 任意指定主轴转速。结合数控装置还可进行恒线速度切削，但最高转速受卡盘和卡盘油缸极限转速的制约，一般不超过 4 500 r/min。

（2）进给传动

纵向 z 轴进给由直流伺服电动机直接带动滚珠丝杠实现；横向 x 轴进给由直流伺服电机驱动，通过同步齿形带带动横向滚珠丝杠实现，这样可减小横轴方向的尺寸。

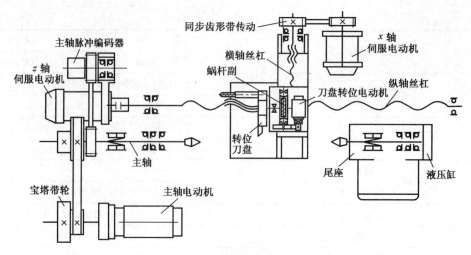

图 7-3　CK7815 型数控车床传动系统

（3）刀盘转位

刀盘转位由电动机经过齿轮及蜗杆副实现，可手动或自动换刀。

（4）排屑机构

排屑机构由电动机、减速器和链轮传动实现。

7.3

数控车床的主要结构

7.3.1　主轴箱

主轴箱固定在床身的最左边。主轴箱中的主轴通过液压夹紧卡盘等夹具装夹工件。主轴箱的功能是支撑并传动主轴，使主轴带动工件按照规定的转速旋转，实现机床的主运动。

CK7815 数控车床的主轴箱展开图如图 7-4 所示。电动机通过带轮 1、2 和三联 V 型带带动主轴；主轴 9 的支撑是前端的 3 个角触球轴承和后端的双列向心短圆柱滚子轴承；螺母 3、7、11 可分别对前后轴承进行预紧和间隙调整；锁紧螺母 8、10 通过圆柱销用于防止螺母 7、11 的回松。主轴脉冲发生器 4 通过一对带轮和齿形带带动和主轴同步运转，螺钉 5 可调整齿形带的松紧，调整时需松开脉冲发生器支架 6 的螺钉，调好后，需紧固。

7.3.2　进给传动系统

进给运动传动是指车床上驱动刀架实现纵向（ z 向）、横向（ x 向）的进给传动。它由纵向滑板（床鞍）和横向滑板的运动实现。纵向滑板安装在床身导轨上，沿床身实现纵向（ z 向）运动；横向滑板安装在纵向滑板上，沿纵向滑板上的导轨实现横向运动。刀架滑板的作用是使安装在其上的刀具在加工中实现纵向进给和横向进给运动。

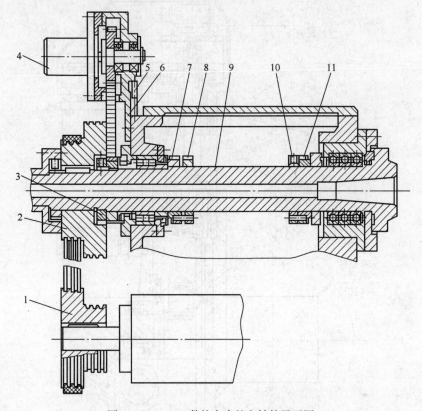

图 7-4　CK7815 数控车床的主轴箱展开图

1、2—带轮　3、7、11—螺母　4—脉冲发生器　5—螺钉　6—支架　8、10—缩紧螺母　9—主轴

1. 床鞍与横向进给装置

床鞍结构如图 7-5 所示。床鞍中部装有与横向导轨平行的外循环滚珠丝杠副 1，滚珠丝杠由两个角接触轴承支承，直流伺服电动机 5 通过一对齿形带轮和同步齿形带把运动传给丝杠，带轮与电动机轴用锥环无键连接，如图 7-5 所示 I 放大图。当拧紧螺钉 10 时，经过法兰 11 压外锥环 13，使得内锥环 12 收缩，靠摩擦力使电动机主轴和带轮连接在一起。由于刀架是倾斜的，有可能自动下滑，由直流伺服电动机的电磁制动阻止刀架的下滑。

反馈元件脉冲编码器 2 与丝杠 1 链接，直接检测丝杠的回转角度，有利于提高系统的精度。3 根镶条 7、8、9 用于调整床鞍与纵向导轨的间隙。3 个可在槽内滑动的档块 6 用于调整机械原点、加工原点和超程限位点。

2. 纵向驱动装置

纵向驱动部分结构如图 7-6 所示。直流伺服电动机 1 通过十字滑块连轴节 2 带动丝杠 5 转动并通过丝杠母带动床鞍纵向移动。丝杠 5 的前支承是一对角接触轴承 4，并用螺母 3 锁紧。后支承是深沟轴承 6，用两个密封环用的套筒和轴用弹簧卡圈定位。丝杠后端轴向是自由的，可以消除由于温度造成丝杠的伸缩变形对精度的影响。

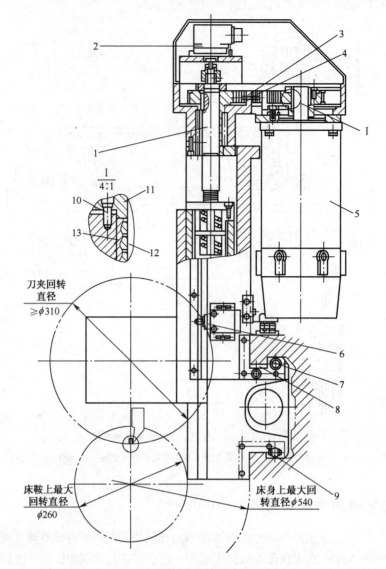

图 7-5　床鞍结构简图

1—滚珠丝杠　2—脉冲发生器　3—带轮　4—螺钉　5—伺服电机　6—挡块

7、8、9—镶条　10—拧紧螺钉　11—法兰　12、13—内外锥环

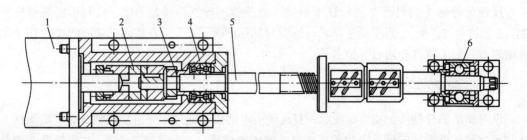

图 7-6　纵向驱动装置

1—伺服电机　2—联轴节　3—螺母　4、6—轴承　5—丝杠

CK7815 型数控车床纵向滚珠丝杠的导程为 8 mm，当伺服电动机转速为 1 500 r/min 时，快速进给可达 12 m/min，最小移动单位为 0.001 mm。

7.3.3　转塔刀架

转塔刀架安装在车床的刀架滑板上，加工时可实现自动换刀。刀架的作用是装夹车刀、孔加工刀具及螺纹刀具，并在加工时能准确、迅速选择刀具。

CK7815 型数控车床采用的 BA200L 刀架，有 24 个分度位置，可选用 12 位（A 型或 B 型）或 8 位（C 型）刀盘，如图 7-7（b）所示。A 型或 B 型回转刀盘的外切刀可以使用 25 mm×150 mm 的可调刀和刀杆截面为 25 mm×25 mm 的可调刀。C 型回转刀盘可使用尺寸为 20 mm×20 mm×125 mm 的标准刀具。镗刀杆直径最大为 32mm。整个刀架由电气系统完全控制，其工作过程简述如下：接受数控装置的指令，松开—转到指令要求的位置—夹紧，发出转位结束信号。

回转刀架结构和刀盘外形如图 7-7 所示，电机动 11 通过齿轮 10、9、8 带动蜗杆 7 转动，从而带动蜗轮 5 转动，蜗轮又带动轴 6 和活动鼠牙盘 2 转动，从而带动刀架 1 转动。转到位以后，电动机反转，鼠牙盘结合定位，电磁制动器通电，维持电动机轴上的反转力矩，保证鼠牙盘间有一定的压紧力。最后，电动机断电，同时轴 6 右端的小轴 13 压下微动开关 12，发出转位结束信号。

刀具在刀盘上有压板 15 和斜铁 16 来夹紧，更换和对刀很方便，如图 7-7（b）所示。

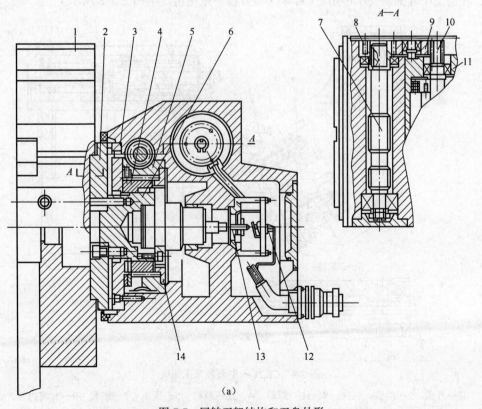

(a)

图 7-7　回转刀架结构和刀盘外形

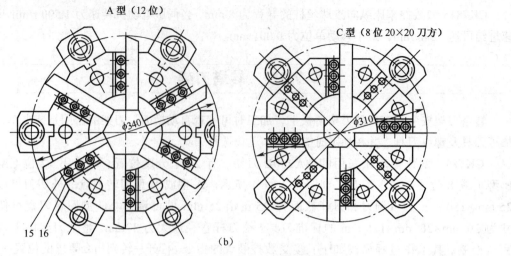

图 7-7　回转刀架结构和刀盘外形（续）

1—刀架　2、3—鼠牙盘　4—滑块　5—蜗轮　6—轴　7—蜗杆　8、9、10—齿轮

11—电机　12—微动开关　13—小轴　14—圆盘　15—压板　16—斜铁

7.3.4　尾座

尾座安装在床身导轨上，并沿导轨可进行纵向移动调整位置。尾座的作用是安装顶尖支承工件，在加工中起辅助支承作用。CK7815 型数控车床尾座结构如图 7-8 所示。

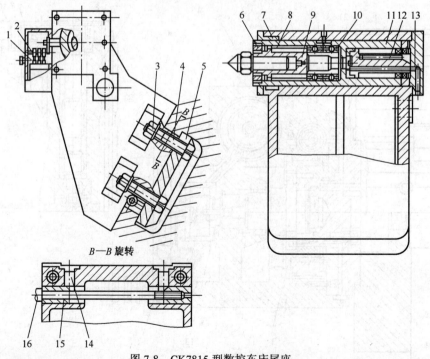

图 7-8　CK7815 型数控车床尾座

1—开关　2—挡铁　3、6、8、10—螺母　4、16—螺柱　5—压板　7—锥套　9—套筒内轴

11—套筒　12、13—油孔　14—销轴　15—楔块　16—螺柱

尾座的定位与夹紧：当手动移动尾座到所需位置后，拧动螺柱 16 带动楔块 15 移动，其斜面顶出销轴 14 并使尾座与矩形导轨两内侧面紧贴，然后，用螺母 3 螺栓 4 和压板 5 紧固。

尾顶尖装在尾座套筒内轴 9 上，内轴 9 前面有双列短圆柱滚子轴承，后面有 3 个角接触球轴承做支承，保证顶尖较高的回转精度。

尾座套筒用液压驱动，若在孔 13 中通入压力油，尾座套筒 11 向前运动，若在孔 12 内通入压力油，尾座套筒就向后运动。移动的最大行程是 90mm。

尾座套筒的进退由操作面板上的按钮来操纵。在电路上尾座套筒的动作与主轴互锁，即在主轴转动时，按动尾座套筒退出按钮，套筒并不动作，只有主轴停止了，尾座套筒才能退出，以保证安全。

小 结

本章主要介绍了数控机床和数控车床的组成。数控机床由控制介质、数控装置、伺服系统、测量反馈装置、机床本体等组成。数控车床一般由主轴箱、刀架滑板、转塔刀架、尾座、床身等组成。还重点介绍了数控车床的工艺范围和特点，数控车床主要部件的机械结构等。

习 题

1. 数控机床由哪几部分组成，各部分的作用是什么？
2. 数控车床的特点及组成是什么？
3. 简述数控车床的工艺范围。
4. 数控车床与普通车床的主运动、进给运动的传动结构有什么区别？
5. 数控车床怎样实现车螺纹的？

第8章

数控铣削加工

【学习目标】

1. 了解数控铣床的工艺范围
2. 掌握数控铣床分类、组成、技术参数与传动特点
3. 熟悉数控铣床的典型结构

8.1 数控铣削加工方法及特点

8.1.1 数控铣床工艺范围与类型

1. 数控铣床工艺范围

数控铣床的功能性强，加工范围广，但工艺复杂，涉及的技术问题多，在数控加工领域最具代表性。

数控铣床主要用于加工平面和曲面轮廓的零件，还可以加工复杂形面的零件，如凸轮、样板、模具、螺旋槽等，同时也可对零件进行钻、扩、铰、锪和镗孔加工。

（1）平面类零件的加工

数控铣床加工的大部分零件是平面类零件，这类零件的特点是各个加工表面是平面或者可以展开为平面，如图8-1所示。图8-1（a）所示的曲面轮廓面 M 展开后是平面，图8-1（b）所示的 P 面是斜平面。

平面类零件的加工，可以在三坐标数控铣床上，用两轴联动来完成。斜平面的加工有以下两种类型。

（a）

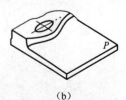

（b）

图8-1 平面类工件

① 加工面与水平面成定角的斜平面，如图 8-1（b）所示的斜平面 P。

a. 将斜平面垫平后加工。

b. 将机床主轴转过适当的定角后加工。

c. 用专用的角度成型铣刀来加工。

② 加工面与水平面夹角连续变化的斜平面（变斜角），如图 8-2 所示，可利用数控铣床的摆角功能进行加工。

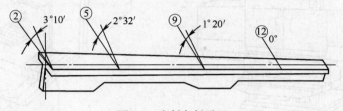

图 8-2　变斜角斜平面

（2）曲面类零件的加工

曲面类零件是指加工面为空间曲面的零件，这类零件的特点是其加工面不仅不能展开为平面，而且它的加工面与铣刀始终是点接触，所以加工中常用球头铣刀，如图 8-3 所示。加工曲面类零件的常用方法有两种。

① 在三坐标轴数控铣床上，用二轴半联动加工曲面。这种加工方法适用于较简单的空间曲面加工，如图 8-3（a）所示。

② 在三坐标轴或多坐标轴数控铣床上，用三轴坐标联动或多轴坐标联动加工曲面。这种加工方法适用于发动机、模具、螺旋桨等复杂空间曲面的加工，如图 8-3（b）所示。

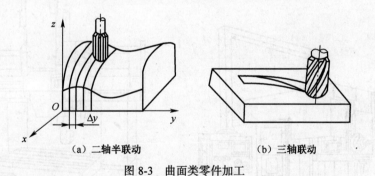

（a）二轴半联动　　　　　　　（b）三轴联动

图 8-3　曲面类零件加工

2. 数控铣床分类

根据主轴位置的不同，数控铣床分为立式数控铣床、卧式数控铣床、复合式数控铣床和龙门式数控铣床。

（1）立式数控铣床

立式数控铣床主轴轴线垂直于机床加工工作台平面，如图 8-4 所示。立式数控铣床主要用于加工零件的平面、内外轮廓、孔、螺纹等以及各类模具。

（2）卧式数控铣床

卧式数控铣床主轴轴线与机床加工工作台面平行，如图 8-5 所示，其主要用于加工箱体类零件。

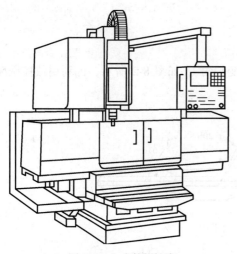

图 8-4　立式数控铣床

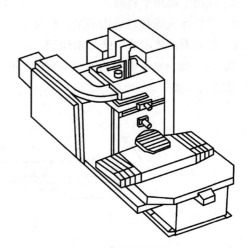

图 8-5　卧式数控铣床

（3）复合式数控铣床

复合式数控铣床是指一台机床上有立式和卧式两个主轴，如图 8-6 所示，或者主轴可作 90° 旋转的数控铣床。复合式数控铣床主要用于加工箱体类零件以及各类模具等。

（4）龙门式数控铣床

龙门式数控铣床主轴固定于龙门架上，如图 8-7 所示。龙门式数控铣床主要用于加工大型零件及大型模具等。

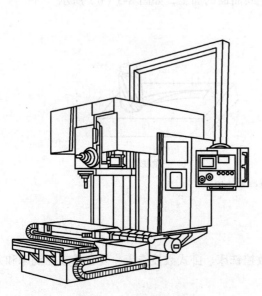

图 8-6　复合式数控铣床

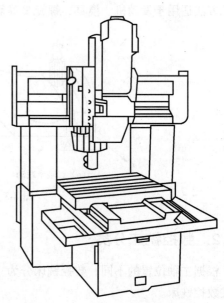

图 8-7　龙门式数控铣床

8.1.2　数控铣床的特点

① 加工灵活，通用性强。数控铣床的最大特点是高柔性，即灵活、通用、万能，可以加

工不同形状零件。在一般情况下，一次装夹就可以完成所需的加工工序。

② 工件的加工精度高。目前数控装置的脉冲当量一般为 0.001 mm，高精度的数控系统可达 0.1μm，保证了零件较高的加工精度。数控加工还避免了操作人员的操作误差，一批加工零件的尺寸同一性好，大大提高了产品质量。另外，数控铣床的主轴转速和进给速度都是无级变速的，因此，有利于选择最佳切削用量。由于数控铣床具有较高的加工精度，能加工很多普通机床难以加工或根本不能加工的复杂形面，所以在加工各种复杂模具时更显出其优越性。

③ 生产效率高。在数控铣床上，一般不需要使用专用夹具和工艺装备。在更换零件时，只需调用储存于数控装置中的加工程序、装夹零件和调整刀具数据即可，因而大大缩短了生产周期。其次，数控铣床具有铣床、镗床和钻床的功能，使工序高度集中，大大提高了生产效率并减少了工件装夹误差。数控铣床具有快进、快退、快速定位功能，可大大减少机动时间。据统计，采用数控铣床加工比普通铣床加工可提高生产率 3～5 倍。对于复杂的成形面加工，则生产率可提高十几倍，甚至几十倍。

④ 减轻了操作者的劳动强度。数控铣床对零件的加工是按事先编好的加工程序自动完成的，操作者除了操作键盘、装卸零件和中间测量及观察机床运行外，不需要进行繁重的重复性手工操作，大大减轻了劳动强度。

8.2

数控铣床的组成与传动

8.2.1 数控铣床的组成与技术参数

1. 数控铣床的基本组成

数控铣床主要由强电柜、数控柜、伺服电动机、床身、滑枕、万能铣头、工作台、升降滑座、操作面板等组成。下面以 XKA5750 数控立式铣床为例说明。

XKA5750 数控立式铣床是带有万能铣头的立卧两用数控铣床，如图 8-8 所示。其可实现三坐标轴联动，用于铣削具有复杂曲线轮廓的零件，如凸轮、模具、样板、叶片、弧形槽等。

XKA5750 数控立式铣床由机床本体部分和控制部分组成。机床本体部分，由底座 1、床身 5、升降滑座 16、滑枕 8、工作台 13、万能铣头 9、各个方向的伺服进给机构、限位装置等构成。控制部分则包括数控柜 10、操作面板 11 等。

机床工作时工作台 13 由伺服电动机 15 带动在升降滑座 16 上做纵向（x 轴）左右移动；伺服电动机 2 带动升降滑座 16 做垂直（z 轴）上下移动；滑枕 8 做横向（y 轴）进给运动。用滑枕实现横向运动，可获得较大的行程。机床主运动由交流无级变速电动机驱动，万能铣头 9 不仅可以将铣头主轴调整到立式或卧式位置，而且还可以在前半球面内使主轴中心线处于任意空间角度。纵向行程限位挡铁 3、14 起限位保护作用，6、12 为横向、纵向限位开关，4、10 为强电柜和数控柜，悬挂操作板 11 上集中了机床的全部操作和控制键与开关。

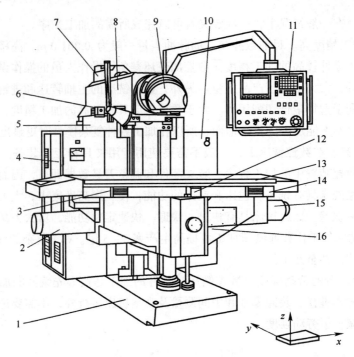

图 8-8   XKA5750 数控立式铣床

1—底座   2—伺服电动机   3、14—行程限位挡铁   4—强电柜   5—床身   6—横向限位开关

7—后壳体   8—滑枕   9—万能铣头   10—数控柜   11—操作面板   12—纵向限位开关

13—工作台   15—伺服电动机   16—升降滑座

机床的数控系统采用的是 AUTOCON TECH 公司的 DELTA40M CNC 系统，可以附加坐标轴增至四轴联动，程序输入/输出可通过软驱和 RS232C 接口连接。主轴驱动和进给采用主轴伺服驱动和进给伺服驱动装置以及交流伺服电动机，其电动机机械特性强，连续工作范围大，加减速能力强，可以使机床获得稳定的切削过程。检测装置为脉冲编码器，与伺服电动机装成一体，半闭环控制，主轴有锁定功能。电气控制采用可编程控制器和分立电气元件相结合的控制方式，使电动机系统由可编程控制器软件控制，结构件简单，提高了控制能力和运行可靠性。

2. 数控铣床的主要技术参数

XKA5750 数控立式铣床的技术参数见表 8-1。

表 8-1   XKA5750 数控立式铣床的技术参数

名　　称	技 术 参 数
机床外形尺寸（长×宽×长）	2 393 mm×2 264 mm×2 180 mm
工作台尺寸（宽×长）	500 mm×1 600 mm
控制轴数	3（可选四轴）
最大同时控制轴数	3
最小设定单位	0.001 mm/0.000 1 in
插补功能	直线/圆弧
编程功能	多种固定循环、用户宏程序
程序容量	64KB

续表

名　称		技 术 参 数
显示方法		9英寸单色CRT
主轴	转速范围（r/min）	50～2 500
	锥孔	ISO 50
	主轴端面到工作台距离	50～550 mm
	主轴中心线到床身立导轨面距离	28～728 mm
工作台最大行程	纵向（mm）	1 200
	横向（mm）	700
	垂直（mm）	500
进给速度	x—纵向（mm/min）	6～3 000
	y—横向（mm/min）	6～3 000
	z—垂直方向（mm/min）	3～1 500
快速移动速度	纵向与横向（mm/min）	3 000
	垂直（mm/min）	766.6
电动机功率	主轴电动机功率		11 kW
	进给电动机扭矩　.	纵向与横向	9.3 N·m
		垂直	13 N·m

8.2.2　数控铣床的传动

XKA5750数控铣床的传动系统如图8-9所示。

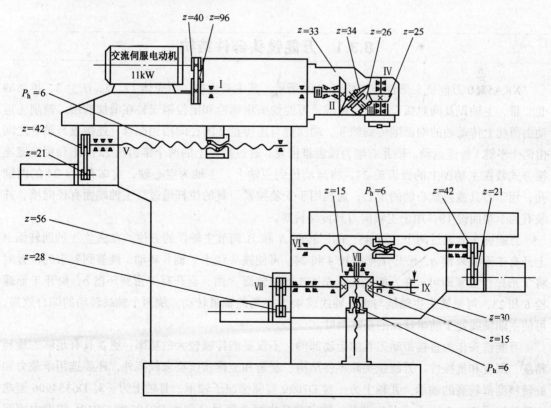

图8-9　XKA5750数控立式铣床传动系统图

（1）主传动系统

主运动是铣床主轴的旋转运动，由装在滑枕后部的交流主轴伺服电动机驱动，电动机的运动通过速比为 1：2.4 的一对弧齿同步齿形带轮传到滑枕的水平轴 I 上，再经过万能铣头的两对弧齿锥齿轮副（33/34、26/25）将运动传到主轴 IV。转速范围为 50～2 500 r/min（电动机转速范围 120～6 000 r/min）。当主轴转速在 625 r/min（电动机转速在 1 500 r/min）以下是为恒转矩输出；主轴转速在 625～1 875 r/min 内为恒功率输出；超过 1 875 r/min 后输出功率下降；转速到 2 500 r/min 时，输出功率下降到额定功率的 1/3。

（2）进给传动系统

工作台的纵向（x 向）进给和滑枕的横向（y 向）进给传动系统，是由交流伺服电动机通过速比为 1：2 的一对同步圆弧齿形带轮，将运动传动至导程为 6 mm 的滚珠丝杠 V、VI 实现的。升降台的垂直（z 向）进给运动为交流伺服电动机通过速比为 1：2 的一对同步齿形带轮将运动传到轴 VII，再经过一对弧齿锥齿轮（15/30）传到垂直滚珠丝杠 VIII 上，带动升降台运动。垂直滚珠丝杠上的弧齿锥齿轮还带动轴 IX 上的锥齿轮，经单向超越离合器与自锁器相连，防止升降台因自重而下滑。

8.3 数控铣床的主要结构

8.3.1 万能铣头部件结构

XKA5750 万能铣头部件结构如图 8-10 所示，其主要由前、后壳体 12、5，法兰 3，传动轴 II、III，主轴 IV 及两对弧齿锥齿轮组成。万能铣头用螺栓和定位销安装在滑枕前端。铣削主运动由滑枕上传动轴的端面键传到轴 II，端面键与连接盘 2 的径向槽相配合，连接盘与轴 II 之间由两个平键 1 传递运动。轴 II 右端为弧齿锥齿轮，通过轴 III 上的两个锥齿轮 22、21 和用花键连接方式装在主轴 IV 上的锥齿轮 27，将运动传到主轴上。主轴为空心轴，前端有 7：24 的内锥孔，用于刀具或刀具心轴的定心；通孔用于安装拉紧刀具的拉杆通过。主轴端面有径向槽，并装有两个端面键 18，用于主轴向刀具传递转矩。

万能铣头能通过两个互成 45° 的回转面 A 和 B 调节主轴 IV 的方位，在法兰 3 的回转面 A 上开有 T 形圆环槽 a，松开 T 形螺栓 4 和 24，可使铣头绕水平轴 II 转动，调整到要求的位置时将 T 形螺栓拧紧即可；在万能铣头后壳体 5 的回转面 B 内，也开有 T 形圆环槽 b，松开 T 形螺栓 6 和 23，可使铣头主轴绕与水平轴线成 45° 夹角的轴 III 转动。绕两个轴线转动的综合效果，可使主轴轴线处于前半球面的任意角度。

万能铣头作为直接带动刀具的运动部件，不仅要能传递较大的功率，更要具有足够的旋转精度、刚度和抗振性。万能铣头除零件结构、制造和装配精度要求较高外，还要选用承载力和旋转精度都较高的轴承，II 轴上为一对 D7029 型圆锥滚子轴承，III 轴上为一对 D6354906 型向心滚针轴承 20、26，承受径向载荷；轴向载荷由两个型号分别为 D9107 和 D9106 的推力短圆

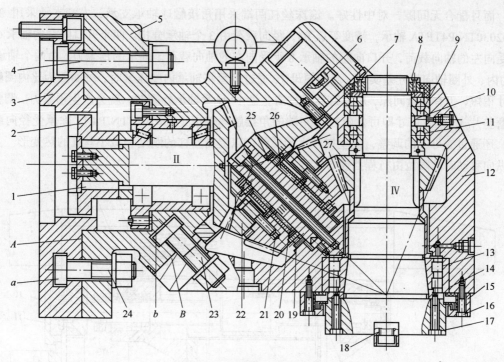

图 8-10 万能铣头部件结构

1—平键 2—连接盘 3—法兰 4、6、23、24—T形螺栓 5—后壳体 7—锁紧螺钉 8—螺母 9、11—角接触球轴承 10—隔套 12—前壳体 13—轴承 14—半圆环垫片 15—法兰 16、17—螺钉 18—端面键 19、25—推力圆柱滚子轴承 20、26—滚针轴承 21、22、27—锥齿轮

柱滚子轴承 19 和 25 承受。主轴上前后支承均为 C 级精度轴承，前支承是 C3182117 型双列圆柱滚子轴承 13，只承受径向载荷；后支承为两个 C36210 型向心推力球轴承 9 和 11，既承受径向载荷，也承受轴向载荷。为了保证旋转精度，主轴轴承不仅要消除间隙，而且要有预紧力，轴承磨损后也要进行间隙调整。前轴承消除间隙和预紧的调整是靠改变轴承内圈在锥形颈上的位置，使内圈外胀实现的。调整时，先拧下 4 个螺钉 16，卸下法兰 15，再松开螺母 8 上的锁紧螺钉 7，拧松螺母 8 将主轴 IV 向前推动 2 mm 左右，然后拧下两个螺钉 17，将半圆环垫片 14 取出，根据间隙大小磨薄垫片，最后将上述零件重新装好。后支承的两个向心推力球轴承开口相背（轴承 9 开口朝上，轴承 11 开口朝下），做消隙和预紧调整时，两轴承外圈不动，内圈的端面距离相对减小的办法实现。具体是通过控制两轴承内圈隔套 10 的尺寸，调整时取下隔套 10，修磨到合适尺寸，重新装好后，用螺母 8 顶紧轴承内圈及隔套即可，最后拧紧锁紧螺钉 7。

8.3.2 工作台纵向传动机构

工作台纵向传动机构如图 8-11 所示。交流伺服电动机 20 的轴上装有圆弧同步齿形带轮 19，通过同步齿形带 14 和装在丝杠右端的同步齿形带轮 11 带动丝杠 2 旋转，使底部装有螺母 1 的工作台 4 移动。装在伺服电动机中的编码器将检测到的位移量反馈给数控系统，形成半闭环控制。同步齿形带轮与电动机轴之间，都是采用锥环无键式连接方式，这种连接方法不需要开键槽，而且配合无间隙，对中性好。滚珠丝杠两端采用角接触球轴承支承，右端支承采用 3 个 7602030TN/P4TFTA 轴承，精度等级 P4，径向载荷由 3 个轴承分担。两个开口向右的轴承 6、7 承受向左的轴向载荷，开口向左的轴承 8 承受向右的轴向载荷。轴承的预紧力，由两个轴承 7、8 的内、外圈轴向尺寸差实现，当用螺母 10 通过隔套将轴承内圈压紧时，外圈因为比内圈轴向尺寸稍短，仍有微量间隙，用螺钉 9 通过法兰盘 12 压紧轴承外圈时，就会产生预紧力。调整时修磨垫片 13 厚度尺寸即可。丝杠 2 左端的角接触球轴承（7602025TN/P4），除承受径向载荷外，还通过螺母 3 的调整，使丝杠产生预拉伸，以提高丝杠的刚度和减小丝杠的热变形。工作台纵向移动时的限位由行程挡铁 5 实现。

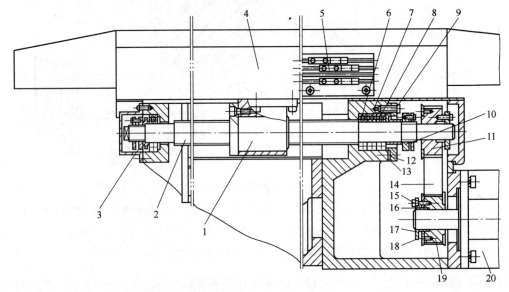

图 8-11　工作台纵向传动机构

1、3、10—螺母　2—丝杠　4—工作台　5—限位挡铁　6、7、8—轴承　9—螺钉　11、19—同步齿形带轮　12—法兰盘　13—垫片　14—同步齿形带　16—外锥环　17—内锥环　18—端盖　20—交流伺服电动机

8.3.3　升降台传动机构及自动平衡机构

升降台升降传动部分的结构如图 8-12 所示，交流伺服电动机 1 经一对齿形带轮 2、3 将运动传到传动轴Ⅶ，轴Ⅶ右端的弧齿锥齿轮 7 带动锥齿轮 8 使垂直滚珠丝杠Ⅷ旋转，升降台上升下降。传动轴Ⅶ有左、中、右 3 点支承，轴向定位由中间支承的一对角接触球轴承来保证，由螺母 4 锁定轴承与传动轴的轴向位置，并对轴承预紧，预紧量用修磨两轴承的内外圈之间的隔套 5、6 厚度来保证。传动轴的轴向定位由螺钉 25 调节。垂直滚珠丝杠螺母副的螺母 24 由支承套 23 固定在机床底座上，丝杠通过锥齿轮 8 与升降台连接，其支承由深沟球轴承 9 和角接触球轴承 10 承受径向载荷；由 D 级精度的推力圆柱滚子轴承 11 承受轴向载荷。图中轴Ⅸ的实际安装位置是在水平面内，与轴Ⅶ的轴线呈 90° 相交（图中为展开画法）。其右端为自动平衡机构。因滚珠丝杠无自锁能力，当垂直放置时，在部件自重作用下，部件会自动下移。因此除升降台驱动电动机带有制动器外，还在传动机构中装有自动平衡机构，一方面防止升降台因自重下落，另外还可平衡上升下降时的驱动力。其结构由单向超越离合器和自锁器组成。当丝杠旋转

时，通过锥齿轮 12 和轴Ⅸ带动单向超越离合器的星轮 21 转动。当升降台上升时，星轮的转向使滚子 13 与超越离合器的外环 14 脱开，外环 14 不随星轮 21 转动，自锁器不起作用；当升降台下降时，星轮 21 的转向使滚子楔在星轮与外环之间，使外环随轴Ⅸ一起转动，外环与两端固定不动的摩擦环 15、22（由防转销 20 固定）形成相对运动，在碟形弹簧 19 的作用下，产生摩擦力，增加升降台下降时的阻力，起到自锁作用，并使上下运动的力量平衡。调整时，先拆下端盖 17，松开螺钉 16，适当旋紧螺母 18，压紧碟形弹簧 19，即可增大自锁力。调整前需用辅助装置支承升降台。

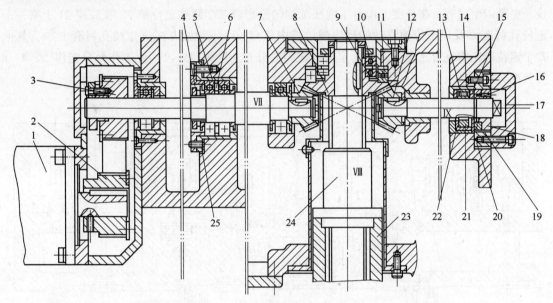

图 8-12　升降台传动机构

1—交流伺服电机　2、3—齿形带轮　4、18、24—螺母　5、6—隔套　7、8、12—锥齿轮　9—深沟球轴承
10—角接触球轴承　11—滚子轴承　13—滚子　14—外环　15、22—摩擦环　16、25—螺钉　17—端盖
19—碟形弹簧　20—防转销　21—星轮　23—支承套

8.3.4　回转工作台

数控分度工作台和数控回转工作台是数控铣床常用附件，可扩大数控铣床功能，使数控铣床增加一个数控轴。数控分度头用于轴类、套类工件的圆柱面和端面加工。数控回转工作台适用于板类和箱体类工件的连续回转表面和多面加工；数控回转工作台和数控分度工作台可通过接口由机床的数控装置控制，也可由独立的数控装置控制。

1. 分度工作台

分度工作台通常有插销式和齿盘式两种。分度工作台的功用一般是用来实现工件转位换面，使工件一次安装能实现几面加工。分度工作台的分度、转位和定位工作是按照控制系统的指令自动进行的。分度工作台只能完成分度运动，而不能实现圆周进给运动。由于结构上的原因，通常分度工作台的分度运动只限于完成规定的角度（如 45°、60° 或 90° 等），即在需要分度时，按照数控系统的指令，将工作台及其工件回转规定的角度，以改变工件相对于主轴的位置，完成工件各个表面的加工。为满足分度精度的要求，需要使用专门的定位元件。常用的定位方式有定位销式、齿盘定位、钢球定位等几种。

分度工作台通常分为：定位销式分度工作台、齿盘定位式分度工作台、数控回转工作台。

（1）定位销式分度工作台

卧式镗铣床加工中心的定位销式分度工作台，如图 8-13 所示。这种工作台的定位分度主要靠定位销、定位孔来实现，分度工作台 1 嵌在长方形工作台 10 之中。在不单独使用分度工作台时，两个工作台可以作为一个整体使用。回转分度时，工作台需经过松开、回转、分度定位、夹紧四个过程。在分度工作台 1 的底部均匀分布着 8 个圆柱定位销 7，在底座 21 上有一个定位孔衬套 6 及供定位销移动的环形槽。其中只有一个定位销 7 进入定位孔衬套 6 中，其他 7 个定位销则都在环形槽中。因为定位销之间的分布角度为 45°，因此工作台只能作 2、4、8 等分的分度运动。

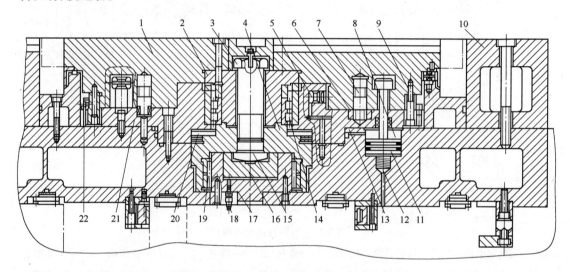

图 8-13　定位销式分度工作台的结构

1—分度工作台　2—锥套　3—螺钉　4—支座　5—消隙油缸　6—定位孔衬套　7—定位销　8—锁紧油缸
9—大齿轮　10—长方形工作台　11—活塞　12—弹簧　13—油槽　14、19、20—轴承　15—螺栓
16—活塞　17—中央液压缸　18—油管　21—底座　22—挡块

机构工作过程如下。

松开：分度时机床的数控系统发出指令，由电器控制的液压缸使 6 个均布的锁紧油缸 8 中的压力油，经环形油槽 13 流回油箱，活塞杆 11 被弹簧 12 顶起，工作台 1 处于松开状态。同时消隙油缸 5 卸荷，油缸中的压力油经回油路流回油箱。油管 18 中的压力油进入中央液压缸 17，使活塞 16 上升，并通过螺栓 15、支座 4 把推力轴承 20 向上抬起 15 mm，顶在底座 21 上。分度工作台 1 用 4 个螺钉与锥套 2 相连，而锥套 2 用六角头螺钉 3 固定在支座 4 上，所以当支座 4 上移时，通过锥套 2 使工作台 1 抬高 15 mm，固定在工作台面上的定位销 7 从定位孔衬套 6 中拔出，做好回转准备。

回转：当工作台抬起之后发出信号，使液压电机驱动减速齿轮（图中未示出），带动固定在工作台 1 下面的大齿轮 9 转动，进行分度运动。

定位：分度工作台的回转速度由液压电机和液压系统中的单向节流阀来调节，分度初做快速转动，在将要到达规定位置前减速，由固定在大齿轮 9 上的挡块 22（共 8 个，周向均布）碰撞限位开关发出减速信号。当挡块碰到第 1 个限位开关时，发出信号使工作台降速，碰到第 2 个限位开关时，分度工作台停止转动。此时，相应的定位销 7 正好对准定位孔衬套 6。

夹紧：分度定位完毕后，数控系统发出信号使中央液压缸 17 卸荷，油液经油管 18 流回油箱，分度工作台 1 靠自重下降，定位销 7 插入定位孔衬套 6 中。定位完毕后消隙油缸 5 通压力油，活塞顶向工作台面 1，以消除径向间隙。经油槽 13 来的压力油进入锁紧油缸 8 的上腔，推动活塞 11 下降，通过 11 上的 T 形头将工作台锁紧。至此分度工作进行完毕。

分度工作台 1 的回转部分支承在加长型双列圆柱滚子轴承和滚针轴承 19 上，轴承 14 的内孔带有 1∶12 的锥度，用来调整径向间隙。轴承内环固定在锥套 2 和支座 4 之间，并可带着滚柱在加长的外环内作 15 mm 的轴向移动。轴承 19 装在支座 4 内，能随支座 4 做上升或下降移动并作为另一端的回转支承。支座 4 内还装有端面滚柱轴承 20，使分度工作台回转很平稳。

定位销式分度工作台的定位精度取决于定位销和定位孔的精度，最高可达 ±5″。定位销和定位孔衬套的制造和装配精度要求都很高，硬度的要求也很高而且耐磨性要好。

（2）齿盘定位的分度工作台

齿盘定位也称为端面多齿盘或鼠牙盘定位方式，采用这种方式定位的分度工作台能达到较高的分度定位精度，一般为 ±3″，最高可达 ±0.4″。它能承受很大的外载，定位刚度高，精度保持性好。实际上，由于齿盘啮合脱开相当于两齿盘对研过程，随着齿盘使用时间的延续，其定位精度还有不断提高的趋势。

图 8-14 所示为齿盘定位分度工作台的一种结构图。分度工作台的分度转位动作过程为下面 3 大步骤。

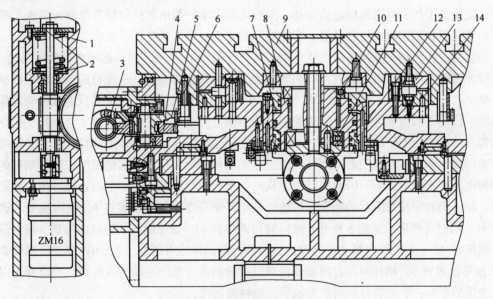

图 8-14　齿盘定位分度工作台
1—弹簧　2、10、11—轴承　3—蜗杆　4—蜗轮　5、6—齿轮　7—管道
8—活塞　9—工作台　12—液压缸　13、14—齿盘

工作台抬起：当需要分度时，控制系统发出分度指令，压力油通过管道进入分度工作台 9 中央的升降液压缸 12 的下腔，于是活塞 8 向上移动，通过推力球轴承 10 和 11 带动工作台 9

也向上抬起，使上、下齿盘 13、14 相互脱离，液压缸上腔的油则经管道排出，完成分度前的准备工作。

回转分度：当分度工作台 9 向上抬起时，通过推杆和微动开关发出信号，压力油从管道进入 ZM16 液压电机使其转动。通过蜗轮副 3、4 和齿轮副 5、6 带动工作台 9 进行分度回转运动。工作台分度回转角度的大小由指令给出，共有 8 个等分，即为 45° 的整倍数。当工作台的回转角度接近所要分度的角度时，减速挡块使微动开关动作，发出减速信号，工作台停止转动之前其转速已显著下降，为准确定位创造条件。当工作台的回转角度达到所要求的角度时，准停挡块压动微动开关，发出信号，进入液压马达的压力油被堵住，液压马达停止转动，工作台完成准停动作。

工作台下降定位夹紧：工作台完成准停动作的同时，压力油从管道进入升降液压缸上腔，推动活塞 8 带着工作台下降，于是上下齿盘又重新啮合，完成定位夹紧。在分度工作台下降的同时，推杆使另一微动开关动作，发出分度运动完成的回答信号。分度工作台的传动蜗轮副 3、4 具有自锁性，即运动不能从蜗轮 4 传至蜗杆。但当工作台下降，上下齿盘重新啮合时，齿盘带动齿轮 5 使蜗轮产生微小转动。如果蜗轮蜗杆锁住不动，则上下齿盘下降时就难以啮合并准确定位。为此，将蜗轮轴设计成浮动结构，即其轴向用上下两个推力球轴承 2 抵在一个螺旋弹簧 1 上面。这样，工作台作微小回转时，蜗轮带动蜗杆压缩弹簧 1 做微量的轴向移动。

2. 数控回转工作台

与分度工作台相比，数控回转工作台除了分度和转位的功能之外，还能实现圆周进给运动。当零件安装于工作台上后，有时为了完成更多工艺内容，除了要求 x、y、z 3 个坐标轴的直线运动外，还要求工作台具备圆周进给运动。圆周进给运动一般由数控回转工作台来实现。图 8-15 所示的数控回转工作台由传动系统、间隙消除装置、蜗轮夹紧装置等组成。

当数控工作台接到数控系统的指令后，首先把蜗轮 10 松开，然后起动电液脉冲马达 1，按指令脉冲来确定工作台的回转方向、回转速度及回转角度等参数。工作台的运动由电液脉冲马达 1 驱动，经齿轮 2 和 4 带动蜗杆 9，通过蜗轮 10 使工作台回转。为了尽量消除传动间隙和反向间隙，齿轮 2 和齿轮 4 相啮合的侧隙是靠调整偏心环 3 来消除的。齿轮 4 与蜗杆 9 是靠楔形拉紧销 5（A—A 剖面）来连接的，这种连接方式能消除轴与套的配合间隙。为了消除蜗杆副的传动间隙，采用了双螺距渐厚蜗杆，通过移动蜗杆的轴向位置来调整间隙。这种蜗杆的左、右两侧面具有不同的螺距，因此蜗杆齿厚从一端向另一端逐渐增加。但由于同一侧的螺距是相同的，所以仍然保持着正常的啮合。调整时先松开螺母 7 上的锁紧螺钉 8，使压块 6 与调整套 11 松开，同时将楔形拉紧销 5 松开。然后转动调整套 11，带动蜗杆 9 做轴向移动。根据设计要求，蜗杆有 10 mm 的轴向移动调整量，这时蜗杆副的侧隙可调整 0.2 mm。调整后锁紧调整套 11 和楔形拉紧销 5。蜗杆的左右两端都由双列滚针轴承支承。左端为自由端，可以伸长以消除温度变化的影响；右端装有双列推力轴承，能轴向定位。

当工作台静止时必须处于锁紧状态。工作台面用沿其圆周方向分布的 8 个夹紧液压缸进行夹紧。当工作台不回转时，夹紧液压缸 14 的上腔通压力油，使活塞 15 向下运动，通过钢球 17、夹紧瓦 13 及 12 将蜗轮 10 夹紧；当工作台需要回转时，数控系统发出指令，使夹紧液压缸 14 上腔的油流回油箱。在弹簧 16 的作用下，钢球 17 抬起，夹紧瓦 12 及 13 松开蜗轮 10，然后由电液脉冲马达 1 通过传动装置，使蜗轮和回转工作台按照控制系统的指令做回转运动。

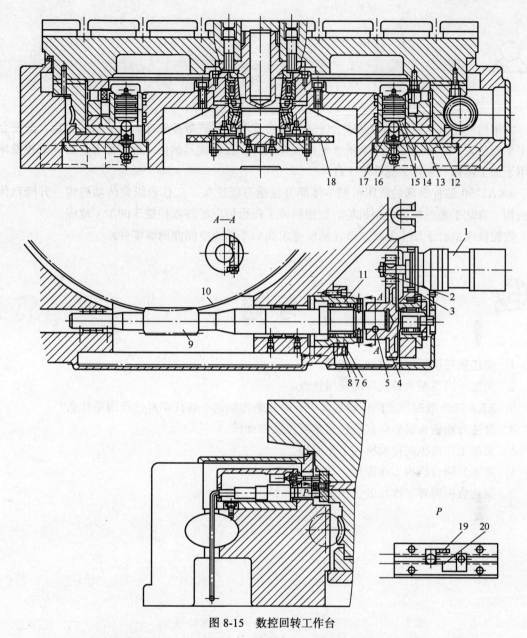

图 8-15　数控回转工作台

L—电液脉冲电机　2、4—齿轮　3—偏心环　5—楔形拉紧销　6—压块　7—螺母

8—锁紧螺钉　9—蜗杆　10—蜗轮　11—调整套　12、13—夹紧瓦

14—夹紧液压缸　15—活塞　16—弹簧　17—钢球

18—光栅　19—撞块　20—感应块

数控回转工作台设有零点，当它做返回零点运动时，首先由安装在蜗轮上的撞块 19（见图 8-15 P 向）碰撞限位开关，使工作台减速；再通过感应块 20 和无触点开关，使工作台准确地停在零点位置上。

该数控工作台可做任意角度的回转和分度，由光栅 18 进行读数控制，工作台的分度精度可达 ±10"。

小 结

常用的数控铣床可以分为立式、卧式、复合式和龙门式数控铣床。立式数控铣床一般适合加工平面凸轮、样板、形状复杂的平面或立体工件，以及模具的内、外型腔等。卧式数控铣床适用于加工箱体、泵体、壳体等工件。

XKA5750 数控铣床的机床机械本体部分包括万能铣头、工作台纵向传动机构、升降台传动机构、自动平衡机构等典型机构。数控回转工作台可以扩展数控铣床的加工范围。

数控铣床适合于加工形状复杂、精度要求高的平面或空间曲面等零件。

习 题

1. 简述数控铣削加工的加工范围。
2. 简述不同类型数控铣床的应用特点。
3. XKA5750 数控铣床的传动系统中有哪几条传动链？各传动链的作用是什么？
4. 简述万能铣头是如何实现任意角度位置的旋转。
5. 简述工作台纵向传动机构工作原理。
6. 简述升降台机构工作原理。
7. 简述数控回转工作台的工作原理。

第9章
加工中心

9.1 加工中心加工方法及特点

9.1.1 加工中心工艺范围与类型

1. 加工中心工艺范围

加工中心适宜加工形状复杂、工序较多、精度要求较高，需使用多种类型的通用机床、刀具和夹具，经多次装夹和调整才能完成加工的零件。

加工中心能对需要做镗孔、铰孔、攻螺纹、铣削等作业的零件进行一次装夹、连续多工步的自动加工。

加工中心数控系统可根据加工的需要，在工件一次装夹后，通过执行相应的换刀指令自动选择和更换刀具，实现工序的高度集中。

有些加工中心机床总是以回转体零件为加工对象，如车削中心。但大多数加工中心机床是以非回转体零件、箱体零件为加工对象的。

2. 加工中心的类型

加工中心机床按布局特点分为立式加工中心、卧式加工中心和多轴加工中心等。其中应用较为普遍的是立式加工中心和卧式加工中心。

（1）立式加工中心

立式加工中心是指主轴轴心线为垂直状态设置的加工中心，如图9-1所示。其结构形式多为固定立柱式，工作台为长方形，无分度回转功能，适合加工盘类零件。在工作台上安装一个水平轴的数控回转台，可用于加工螺旋线类零件。立式加工中心的结构简单，占地面积小，价格较低。

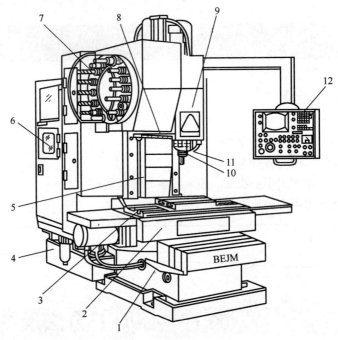

图 9-1　立式加工中心

1—床身　2—滑座　3—工作台　4—润滑油箱　5—立柱　6—数控柜　7—刀库

8—机械手　9—主轴箱　10—主轴　11—控制柜　12—操作面板

（2）卧式加工中心

卧式加工中心是指主轴轴线为水平状态设置的加工中心，如图9-2所示。通常都带有可进行分度回转运动的正方形分度工作台。卧式加工中心一般具有3~5个运动坐标，常见的是3个直线运动坐标（沿 x、y、z 轴方向）和一个回转运动坐标（回转工作台），能够使工件在一次装夹后完成除安装面和顶面以外的其余4个面的加工，最适合箱体类零件的加工。

卧式加工中心有多种形式，如固定立柱式或固定工作台式。固定立柱式的卧式加工中心的立柱固定不动，主轴箱沿立柱做上下运动，而工作台可在水平面内做前后、左右两个方向的移动；固定工作台式的卧式加工中心，安装工件的工作台是固定不动的（不做直线运动），沿坐标轴3个方向的直线运动靠主轴箱和立柱的移动来实现。与立式加工中心相比较，卧式加工中心的结构复杂，占地面积大，重量大，价格也较高。

（3）多轴加工中心

多轴加工中心（4轴以上联动控制）可以用来加工复杂轮廓，如图9-3所示。

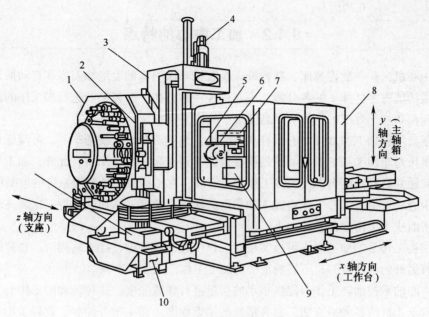

图 9-2 卧式加工中心

1—刀库 2—换刀装置 3—支座 4—y 轴伺服电动机 5—主轴箱 6—主轴
7—数控装置 8—防溅挡板 9—回转工作台 10—切屑槽

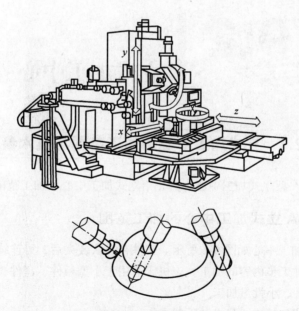

图 9-3 5 轴加工中心

　　加工中心按数控系统分类有 2 坐标加工中心、3 坐标加工中心和多坐标加工中心；有半闭环加工中心和全闭环加工中心。按精度可分为普通加工中心和精密加工中心。按换刀形式分类有带刀库、机械手的加工中心，无机械手的加工中心和转塔刀库式加工中心。按加工范围分类有车削加工中心、钻削加工中心、镗铣加工中心、磨削加工中心、电火花加工中心等。一般镗铣类加工中心简称为加工中心，其余种类加工中心前面要有定语。

9.1.2　加工中心的特点

加工中心机床是在数控镗床、数控铣床及数控车床的基础上增加刀库和自动换刀装置等机构后，形成的能将零件加工的各分散工序集中在一起，在一次装夹后进行多工序的连续加工，提高加工精度和加工效率的一种工序高度集中的加工设备。

对于复杂零件加工，加工中心具有高度柔性，便于研制、开发新产品。可降低加工成本，加工中心机床对车间和加工工厂的计划调度以及管理也起了促进作用。此外，加工中心机床解决了刀具问题并具有高度自动化的多工序加工管理，它是构成柔性制造系统的重要单元。

加工中心一般带有回转工作台或主轴箱可旋转一定角度，从而使工件一次装夹后可以自动完成多个平面或多个角度位置的加工。

带有交换工作台的加工中心可以实现在工作位置的零件进行加工的同时，在装卸位置的工作台上进行另外的零件装卸，不影响正常的加工工作，工作效率高。

加工中心的数控回转工作台能以很小的当量进行任意分度。这种转动的工作台与卧式主轴相配合，对于工件的各种垂直加工面有最好的接近程度。而主轴外伸少，改善了切削条件，也利于切屑处理。所以大多数加工中心机床都使用卧式主轴与旋转工作台相配合，以便在一次装卡后完成各垂直面的加工。

9.2

立式加工中心

9.2.1　立式加工中心的加工范围与技术参数

下面以 JCS—018A 型立式加工中心为例介绍立式加工中心的加工范围与技术参数。

1.　JCS—018A 立式加工中心的加工范围

JCS—018A 立式加工中心如图 9-1 所示。工件在一次装夹后，可连续地进行铣、钻、镗、铰、锪、攻螺纹等多种工步内容的加工。该机床适用于小型板件、盘件、壳体件、模具和箱体件等复杂零件的多品种、小批量加工。

JCS—018A 型立式加工中心具有如下特点。

① 可进行强力切削。机床主轴电动机变速范围中恒功率范围宽，低转速转矩大，机床主要构件刚度高，可进行强力切削。

② 高速定位。工作台由直流伺服电动机，通过联轴节、滚珠丝杠带动 x、y 方向移动，速度可达 14 m/min，主轴箱 z 向移动可达 10 m/min，定位精度可达 0.006～0.015 mm/30 mm。

③ 采用随机换刀。随机换刀由数控系统管理，刀具和刀座上不设固定编号，换刀由机械手执行，结构简单、可靠。

④ 机床采用 CNC 系统。换刀和主轴准停由程序控制器控制，有自诊断功能。

2. JCS—018A 型立式加工中心的技术参数

JCS—018A 型立式加工中心主要技术参数见表 9-1。

表 9-1　　　　　　　　　　　　JCS—018A 型立式加工中心主要技术参数

名　称		技　术　参　数
工作台	尺寸（宽×长）	320 mm×1 000 mm
	T 形槽宽×槽数	18 mm×3
	允许负载	500kg
数控装置	控制轴数	3
	脉冲当量	0.001 mm/脉冲
刀库	容量	16 把
	选刀方式	任选
	最大刀具尺寸（直径×长度）	ϕ100 mm×300 mm
	刀库电动机	1.4 kW
加工范围	钻孔最大直径	ϕ32 mm
	攻螺纹最大直径	M24 mm
精度	各轴定位精度	± 0.012 mm/300 mm
	各轴重复定位精度	± 0.006 mm
主轴	转速范围　低速	22.5 ~ 2 250 r/min
	转速范围　高速	45 ~ 4 500 r/min
	锥孔	BT-45
	主轴端面到工作台距离	180 ~ 650 mm
工作台最大行程	x 向	750 mm
	y 向	400 mm
	z 向	470 mm
进给速度	x、y、z 向	1 ~ 4 000 mm/min
快速移动速度	x 向与 y 向	14 m/min
	垂直	10 m/min
电动机功率	主轴电动机功率	5.5/7.5 kW
	进给电动机功率	1.4 kW

9.2.2　立式加工中心的主要机械结构

1. 主轴部件

JCS—018A 立式加工中心的主轴箱局部结构如图 9-4 所示。无级调速交流主轴电机经塔形带轮传动主轴 1。主轴前支承为 3 个角接触球轴承 4，用以承受径向载荷和轴向载荷，前面两个大口朝下，后面一个大口朝上。后支承为一对向心推力球轴承，小口相对。后支承仅承受径向载荷，故外圈轴向不定位。主轴选择的轴承类型和配置形式，满足主轴高转速和承受较大轴向载荷的要求。主轴受热变形后向后伸长，不影响加工精度。

　　主轴内部及后端是刀杆的自动夹紧机构，它由拉杆 7 和头部的 4 个钢球 3、碟形弹簧 8、活塞 10 和螺旋弹簧 9 组成。夹紧时，活塞 10 的上端无油压，弹簧 9 使活塞 10 向上移至图示位置。碟形弹簧 8（34 对 68 片）使拉杆 7 上移至图示位置，钢球进入到刀杆尾部拉钉 2 的环形槽内，将刀杆拉紧。放松时，液压使活塞 10 下移，推拉杆 7 下移。钢球进入主轴后锥孔上部的环形槽内，把刀杆放开。行程开关 12 和 13 用于发出夹紧和放松刀杆的信号。刀杆夹紧机构用弹簧夹紧，液压放松，以保证在工作中如果突然停电，刀杆不会自行松脱。夹紧时，活塞 10 下端的活塞杆端与拉杆 7 的上端部之间有一定的间隙（约为 4 mm），以防止主轴旋转时端面摩擦。

　　自动清除主轴孔内的灰尘和切屑是换刀过程的一个不容忽视的问题。如果主轴锥孔中落入了切屑、灰尘或其他污物，在拉紧刀杆时，锥孔表面和刀杆锥柄会被划伤，甚至会使刀杆发生偏斜，破坏刀杆的准确定位，影响零件的加工精度，甚至会使零件超差报废。为了保持主轴锥孔的清洁，常采用的方法是使用压缩空气吹屑。图 9-4 所示活塞 10 及拉杆 7 的心部钻有压缩空气通道，当活塞向下移动时，压缩空气经过活塞由孔内的空气嘴喷出，将锥孔清理干净。

　　机床的切削转矩是由主轴上的端面键来传递的，每次机械手自动装取刀具时，必须保证刀柄上的键槽对准主轴的端面键，这就要求主轴具有准确定位的功能。为满足主轴这一功能而设计的装置称为主轴准停装置或称为主轴定向装置。本机床采用的是电气式主轴准停装置，即用电磁传感器检测定

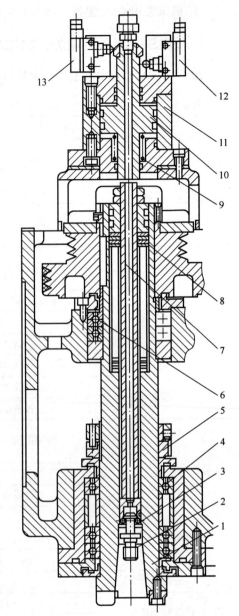

图 9-4　JCS—018 主轴箱的局部结构图
1—主轴　2—拉钉　3—钢球　4、6—角接触球
轴承　5—预紧螺母　7—拉杆　8—碟形弹簧
9—螺旋弹簧　10—活塞　11—液压缸
12、13—行程开关

向。如图 9-5 所示，主轴的尾部安装有发磁体，它随主轴转动，在距发磁体外缘 1～2 mm 处，固定了一个磁力传感器，它经过放大器与主轴伺服单元连接。主轴定向指令发出后，主轴处于寻向状态，当发磁体上的判别孔转到对准磁力传感器上的基准槽时，主轴立即停止。这种装置由于没有机械摩擦和接触，且定位精度也能够满足一般换刀的要求，所以应用的比较广泛。

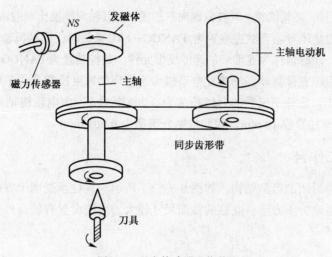

图 9-5 磁力传感器准停装置

2. 进给系统

进给系统纵向（x）、横向（y）及竖向（z）都是用宽调速直流伺服电动机拖动。任意 2 个坐标都可以联动。图 9-6 所示为 x 轴和 y 轴进给系统。

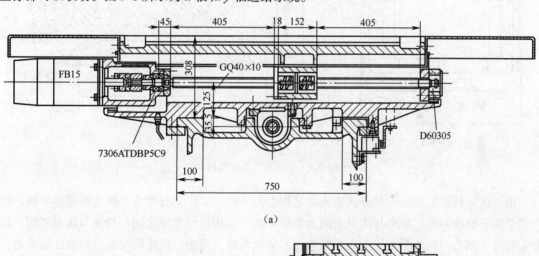

（a）

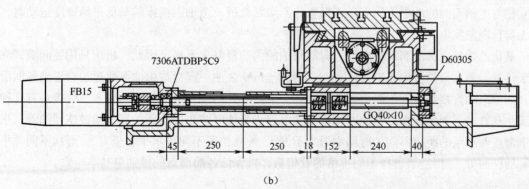

（b）

图 9-6 x 轴和 y 轴进给系统

滚珠丝杠直径为 40 mm，导程为 10 mm。左支承为成对的向心推力球轴承，背靠背安装，大口向外，承接径向和双向轴向载荷。右支承为 1 个向心球轴承（D60305），外圈轴向不定位，仅承受径向载荷。这样的设计，结构简单。丝杠升温向右膨胀。但其轴向刚度比两端轴向固定方式低。

伺服进给系统为半闭环。当数控装置为 FANUC—6M 系统时，电动机轴端安装脉冲编码器作为位置反馈元件，同时也作为速度环的速度反馈元件。数控装置为 FANUGC—7CM 系统时，采用旋转变压器作为位置检测器，测速发电动机为速度环的速度反馈元件。旋转变压器是按数字相位检测方式工作。旋转变压器的分解精度为 2 000 脉冲/r，由电动机轴到旋转变压器的升速比为 5：1，滚珠丝杠导程 10 mm，因此检测分辨率为 0.001 mm。

3. 立柱和工作台

本机床的立柱为封闭的箱型结构，如图 9-7（a）所示。立柱承受两个方向的弯矩和扭矩，故其截面形状近似地取为正方形。立柱的截面尺寸较大，内壁设置有较高的竖向筋和横向环形筋，刚度较大。

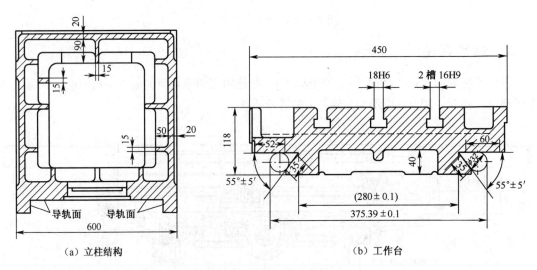

（a）立柱结构   （b）工作台

图 9-7　立柱及工作台结构

由于机床是在工作台不升降式铣床的基础上设计的，工作台与滑座之间为燕尾形导轨，丝杠位于两导轨的中间。滑座与床身之间为矩形导轨。工作台与滑座之间、滑座与床身之间，以及立柱与主轴箱间的动导轨面上，皆贴氟化乙烯导轨板。两轴以机床的最低进给速度运动时，皆无爬行现象发生。

氟化乙烯导轨板的润滑性良好，对润滑油的供油量要求不高，因此，机床只用了间隙式润滑泵供油。每次泵油量为 1.5 ~ 2.5 mL，1 次/7.5 min 泵油。润滑油由油泵通过油管送到各润滑点。润滑点的管接头内有单向阀和节流小孔，节流小孔的直径只有零点几毫米。管接头有几种节流小孔直径不同的规格。单向阀用于当油泵停止泵油时防止导轨间的润滑油被挤回油管。根据润滑点到油泵的距离不同（管路中阻力不同），导轨位置不同（水平和竖直），形状不同（平面和圆柱面等），可适当选择不同规格的管接头，以保证各润滑点的供油量基本一致。

4. 自动换刀装置

JCS—018A 立式加工中心的机床自动换刀装置中，刀库的回转运动是由直流伺服电动机经蜗杆副驱动实现的。机械手的回转、取刀、装刀机构均由液压系统驱动。该自动换刀装置结构简单，换刀可靠，由于它安装在立柱上，故不影响主轴箱移动精度。随机换刀，采用记忆式的任选换刀方式，每次选刀运动，刀库正转或反转均不超过 180°。

（1）自动换刀过程

图 9-8 表达了刀库上刀具、主轴上刀具和机械手的相对位置关系。上一工序加工完毕，主轴处于"准停"位置，由自动换刀装置换刀。其过程如下。

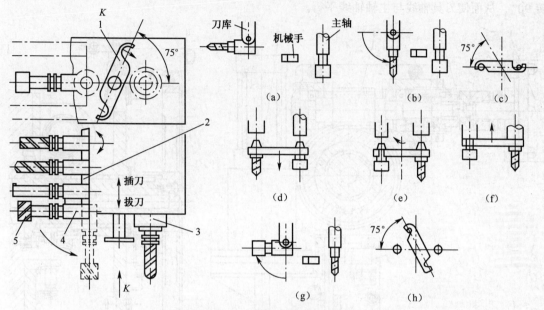

图 9-8 自动换刀过程示意图

1—机械手   2—刀库   3—主轴   4—刀套   5—刀具

① 刀套下转 90°。本机床的刀库位于立柱左侧，刀具在刀库中的安装方向与主轴垂直，如图 9-8 所示。换刀之前，刀库 2 转动将待换刀具 5 送到换刀位置，之后把带有刀具 5 的刀套 4 向下翻转 90°，使得刀具轴线与主轴轴线平行。

② 机械手转 75°。如 K 向视图所示，在机床切削加工时，机械手 1 的手臂中心线与主轴中心到换刀位置的刀具中心的连线成 75°，该位置为机械手的原始位置。机械手换刀的第一个动作是顺时针转 75°，两手爪分别抓住刀库上和主轴 3 上的刀柄。

③ 刀具松开。机械手抓住主轴刀具的刀柄后，刀具的自动夹紧机构松开刀具。

④ 械手拔刀。机械手下降，同时拔出两把刀具。

⑤ 交换两刀具位置。机械手带着两把刀具逆时针转 180°（从 K 向观察），使主轴刀具与刀库刀具交换位置。

⑥ 机械手插刀。机械手上升，分别把刀具插入主轴锥孔和刀套中。

⑦ 刀具夹紧。刀具插入主轴锥孔后，刀具的自动夹紧机构夹紧刀具。

⑧ 液压缸复位。驱动机械手逆时针转 180° 的液压缸复位，机械手无动作。

⑨ 机械手逆转 75°。机械手逆转 75°，回到原始位置。

⑩ 刀套上转 90°。刀套带着刀具向上翻转 90°，为下一次选刀做准备。

（2）刀库的结构

如图 9-9 所示是本机床盘式刀库的结构简图。当数控系统发出换刀指令后，直流伺服电动机1接通，其运动经过十字联轴器2、蜗杆4、蜗轮3传到如图9-9（b）所示的刀盘14，刀盘带动其上面的16个刀套13转动，完成选刀工作。每个刀套尾部有一个滚子11，当待换刀具转到换刀位置时，滚子11进入拨叉7的槽内。同时气缸5的下腔通压缩空气（如图9-9（a）所示），活塞杆6带动拨叉7上升，放开位置开关9，用以断开相关的电路，防止刀库、主轴等有误动作。如图9-9（b）所示，拨叉7在上升的过程中，带动刀套绕着销轴12逆时针向下方翻转90°，从而使刀具轴线与主轴轴线平行。

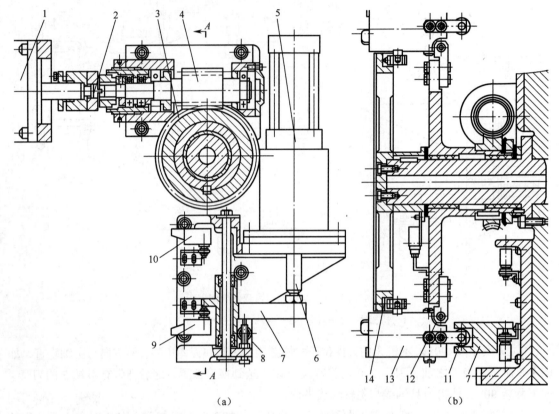

（a） （b）

图9-9　JCS—018A立式加工中心盘式刀库的结构简图

1—直流伺服电动机　2—十字联轴器　3—蜗轮　4—蜗杆　5—气缸　6—活塞杆　7—拨叉
8—螺杆　9—位置开关　10—定位开关　11—滚子　12—销轴　13—刀套　14—刀盘

刀套下转90°后，拨叉7上升到终点，压住定位开关10，发出信号使机械手抓刀。通过图9-9（a）中的螺杆8，可以调整拨叉的行程。拨叉的行程决定刀具轴线相对主轴轴线的位置。刀套的结构如图9-10所示，F—F剖视图中的零件7即为图9-9（b）中的滚子11，E—E剖视图中的件6即为图9-9（b）图中的销轴12。刀套4的锥孔尾部有两个球头销钉3。在螺纹套2与球头销之间装有弹簧1，当刀具插入刀套后，由于弹簧力的作用，使刀柄被夹紧。拧动螺纹套，可以调整夹紧力大小，当刀套在刀库中处于水平位置时，靠刀套上部的滚子5来支承。

（3）机械手结构

JCS—018A立式加工中心使用的换刀机械手为回转式单臂双手机械手，其动作全部由液压驱动。如图9-11（a）所示，主要由以下部件构成。

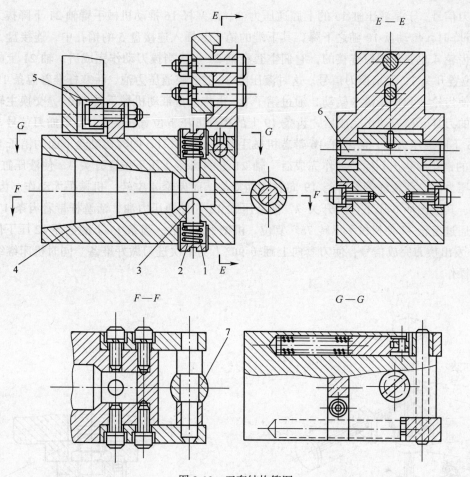

图 9-10　刀套结构简图

1—弹簧　2—螺纹套　3—球头销钉　4—刀套　5、7—滚子　6—销轴

① 驱动装置。由用于机械手回转 75° 的液压缸 18，用于拔刀、装刀的液压缸 15 集活塞杆 16，以及交换刀具用的（机械手旋转 180°）液压缸 20 组成。

② 传动装置。由齿轮 4、11，齿条 17、19，连接盘 5、23，传动盘 10，机械手臂轴 21 组成。

其中只有传动盘 10 与轴 21 为花键连接，并能随轴 21 上下移动，能够直接随轴 21 旋转，其余的齿轮或连接盘必须借助于传动盘才能够旋转。

③ 行程控制装置。包括挡环 2、6、12，行程开关 1、3、7、9、13、14。

④ 执行机构。机械手 22。

在自动换刀过程中，机械手要完成抓刀、拔刀、交换主轴和刀库上的刀具位置、插刀、复位等动作。当刀套向下转 90° 后，压下上行程位置开关，发出机械手抓刀信号。此时，机械手 22 的手臂中心线与主轴中心到换刀位置的刀具中心的连线成 75° 位置，液压缸 18 右腔通压力油，活塞杆推着齿条 17 向左移动，使得齿轮 11 转动。如图 9-11（b）所示，16 为液压缸 15 的活塞杆，连接盘 23 与齿轮 11 用螺钉连接，它们空套在机械手臂轴 21 上，传动盘 10 与机械手臂轴 21 用花键连接，它上端的销子插入连接盘 23 的销孔中，因此齿轮转动时带动机械手臂轴 21 转动，使机械手回转 75° 抓刀。抓刀动作结束时，齿条 17 上的挡环 12 压下位置开关 14，发出拔刀信号，于是液压缸 15 的上腔通压力油，活塞杆 16 推动机械手臂轴 21 下降拔刀。在轴 21 下降时，传动盘 10 随之下降，其下端的销子 8 插入连接盘 5 的销孔中，连接盘 5 和其下面的齿轮 4 也是用螺钉连接的，它们空套在轴 21 上。当拔刀动作完成后，轴 21 上的挡环 2 压下位置开关 1，发出换刀信号。这时液压缸 20 的右腔通压力油，活塞杆推着齿条 19 向左移动，使齿轮 4 和连接盘 5 转动，通过销子 8，由传动盘带动机械手转 180°，交换主轴上和刀库上的刀具。换刀动作完成后，齿条 19 上的挡环 6 压下位置开关 9，发出插刀信号，使液压缸 15 下腔通压力油，活塞杆 16 带着机械手臂轴上升插刀，同时传动盘下面的销子 8 从连接盘 5 的销孔中移出。插刀动作完成后，轴 21 上的挡环 2 压下位置开关 3，使液压缸 20 的左腔通压力油，活塞杆带着齿条 19 向右移动复位，而齿轮 4 空转，机械手无动作。齿条 19 复位后，其上挡环 6 压下位置开关 7，使液压缸 18 左腔通压力油，活塞杆带着齿条 17 向右移动，通过齿轮 11 使机械手反转 75° 复位。机械手复位后，齿条 17 上的挡环 12 压下位置开关 13，发出换刀完成信号，使刀套向上翻转 90°，为下次选刀做好准备。同时机床继续执行后面的操作。

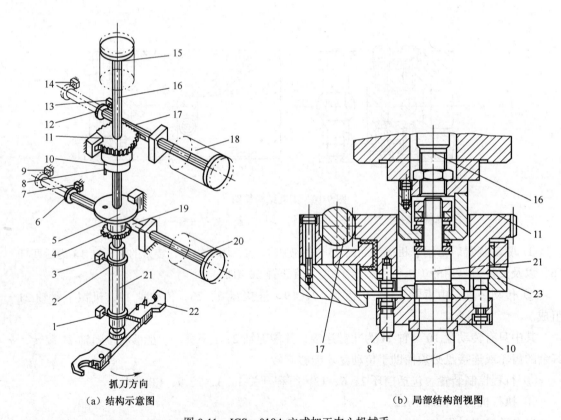

（a）结构示意图　　　　　　　　　　　　　（b）局部结构剖视图

图 9-11　JCS—018A 立式加工中心机械手

1、3、7、9、13、14—行程开关　2、6、12—挡环　4、11—齿轮　5、23—连接盘　8—销子
10—传动盘　15、18、20—液压缸　16—活塞杆　17、19—齿条　21—轴　22—机械手

图 9-12 所示为机械手抓刀部分的结构，它主要由手臂 1 和固定其两端的结构完全相同的两个手爪 7 组成。手爪上握刀的圆弧部分有一个锥销 6，机械手抓刀时，该锥销插入刀柄的键槽中。当机械手由原位转 75° 抓住刀具时，两手爪上的长销 8 分别被主轴前端面和刀库上的

挡块压下，使轴向开有长槽的活动销 5 在弹簧 2 的作用下右移顶住刀具。机械手拔刀时，长销 8 与挡块脱离接触，锁紧销 3 被弹簧 4 弹起，使活动销顶住刀具不能后返，这样机械手在回转 180° 时，刀具不会被甩出。当机械手上升插刀时，两长销 8 又分别被两挡块压下，锁紧销从活动销的孔中退出，松开刀具，机械于便可反转 75° 复位。

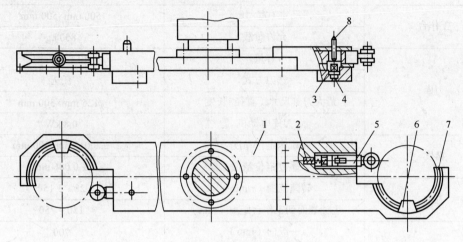

图 9-12　机械手手臂和手爪

1—手臂　2、4—弹簧　3—锁紧销　5—活动销　6—锥销　7—手爪　8—长销

9.3

卧式加工中心

9.3.1　卧式加工中心的加工范围与技术参数

卧式加工中心适用于箱体类零件、大型零件的加工。卧式加工中心工艺性好，零件的安装方便，利用工作台和回转工作台可以加工四个面或多面，并能进行掉头镗孔和铣削。下面以 TH6350 卧式加工中心为例介绍卧式加工中心的加工范围与技术参数。

1. TH6350 卧式加工中心的加工范围

TH6350 卧式加工中心采用 T 型床身及框式立柱布局。基础件刚度好、制造精度高，刀库独立放在主机左侧。框式立柱具有刚性好和良好的热对称性，降低了热变性对机床的影响。

TH6350 卧式加工中心刀库容量人、换刀速度快、主轴转速高、三轴快速移动快，从而实现了快速切削，提高了加工效率。具有高速钻削、铣削、镗削、刚性攻丝功能。适合于航天航空、汽车机车、仪器仪表、轻工轻纺、电子电器、小型模具等各种机械制造业，可用于中小批量、多品种生产，更适合于连机组成加工制造线进行大批量生产。

2. TH6350 卧式加工中心的主要技术参数

表 9-2   TH6350 卧式加工中心的主要技术参数

名 称		技 术 参 数
工作台	尺寸（宽×长）	500 mm×500 mm
	允许负载	800 kg
刀库	容量	40（60）把
	选刀方式	任选
	最大刀具尺寸（直径×长度）	ϕ125 mm×300 mm
	刀库电动机	0.8 kW
精度	机床定位精度	± 0.012 mm/300 mm
	重复定位精度	± 0.006 mm
主轴	转速范围（r/min）	28 ~ 3 150
	主轴端面到工作台距离（mm）	150 ~ 750
工作台最大行程	x—纵向（mm）	700
	y—横向（mm）	550
	z—垂直（mm）	600
进给速度	x、y、z 向（mm/min）	1 ~ 3 600
快速移动速度		10 m/min
电动机功率	主轴电动机功率	7.5 /11 kW
	进给电动机功率	1.4 kW

9.3.2 TH6350 卧式加工中心的主要机械结构

1. TH6350 卧式加工中心总体布局和主要部件的结构特点

① 机电一体化布局，结构紧凑，造型美观，操作方便，采用先进的电子技术与机械装置实现最佳匹配，可靠性高，使用维修方便。使用数控回转工作台，工件可在一次装夹后完成多个侧面、多工序的加工。

② 采用柱动式结构，三坐标运动集中在机床后部的立柱上，对前部工作台的限制要求很小，适合连机组成加工制造线。

③ 机床由底座、立柱、滑座、回转工作台、主轴箱体、主轴部件、刀库部件、主传动系统、进给传动系统、润滑系统、液压系统、气动系统、冷却系统和排屑系统等组成。

④ 机床的基础件底座、立柱、滑座、均为优质铸铁件，高刚度结构，抗震性能良好。

⑤ 三个坐标方向导轨均采用高刚度滚动导轨，三轴进给传动均采用精密滚珠丝杠螺母副，摩擦阻尼小，定位精度高、精度保持性、稳定性好、各部件运动灵敏，机床整机动静态特性优良。

⑥ 进给驱动采用高性能交流（AC）伺服电机，通过无隙联轴器与丝杠连接，减少了传动

误差和反向间隙，由于对滚珠丝杠副进行了预拉伸，并选用支撑滚珠丝杠的专用轴承，使传动精度高，刚性高、定位精度高。

⑦ 主轴传动系统采用交流伺服主轴电机驱动，主轴功率为 9/11 kW，主轴转速高，转速范围达 60 ~ 6 000 r/min，无级变速范围大，低速扭矩大，恒功率区宽，用 S 功能直接设定主轴转速，其转速增量达 1r/min。因而可按刀具和工件材质选择最佳切削条件。

⑧ 主轴轴承排列合理，前、后轴承均采用 SKF 滚柱轴承支撑，提高了主轴刚性和稳定性，可以进行大扭矩强力切削；采用高性能油脂密封润滑，温升低，噪声小。主轴前端有气幕防护装置，以防止主轴轴承的污染；主轴精度高，距主轴端 300 mm 处偏摆在 0.008 mm 以内。

⑨ 夹持刀柄采用四瓣爪方式，利用碟形簧夹紧刀柄，夹刀可靠；采用进口的气压增压缸进行松刀，增压缸具有打刀吹气连动功能，可以在打刀到顶点时再做吹气，在松刀的同时清洁主轴锥孔和刀柄。

⑩ 刀库容量为链式刀库，由凸轮机构控制，通过机械手和立柱的移动实现换刀，换刀迅速、准确，动作稳定、可靠，换刀时间小于 2 s。

⑪ 回转工作台选用电脑数控齿式分割台，采用交流伺服电机控制，可以任意分度，最小分割度数为 1° 或 5°，可以加工零件的多个侧面。

总体布局如图 9-13 所示。

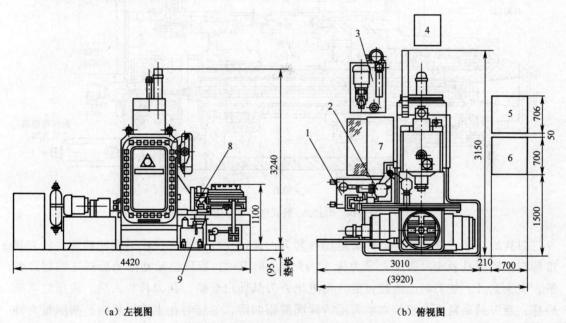

　　（a）左视图　　　　　　　　　　　　　　　　（b）俯视图

图 9-13　TH6350 卧式加工中心总体布局

1、9—冷却水箱　2—机械手　3—液压油箱　4—油温自动控制箱
5—强电柜　6—CNC 柜　7—刀库　8—排屑器

2. 机床主要结构

（1）主轴箱

主轴箱如图 9-14 所示。为了增加转速范围和扭矩，主传动采用齿轮变速传动方式。主轴转速分为低速区域和高速区域。低速区域传动路线是：交流主轴电动机经弹性联轴器、齿轮 z_1、

齿轮 z_2、齿轮 z_3、齿轮 z_4、齿轮 z_5、齿轮 z_6 到主轴。高速区域传动路线是：交流主轴电动机经联轴器及牙嵌离合器、齿轮 z_5、齿轮 z_6 到主轴。变换到高速挡时。由液压活塞推动拨叉向左移动，此时主轴电动机慢速旋转，以利于牙嵌离合器啮合。主轴电动机采用 FANUC 交流主轴电动机，主轴能获得最大扭矩为 490N·m；主轴转速范围为 28～3 150 r/min，低速为 28～733 r/min，高速区为 733～3 150 r/min，低速时传动比为 1：4.75；高速时传动比 1：1.1。主轴锥孔为 ISO50，主轴结构采用了高精度、高刚性的组合轴承。其前轴承由 3182120 双列短圆柱滚子轴承和 2268120 推力球轴承组成，后轴承采用 C46117 向心推力球轴承，这种主轴结构可保证主轴的高精度。

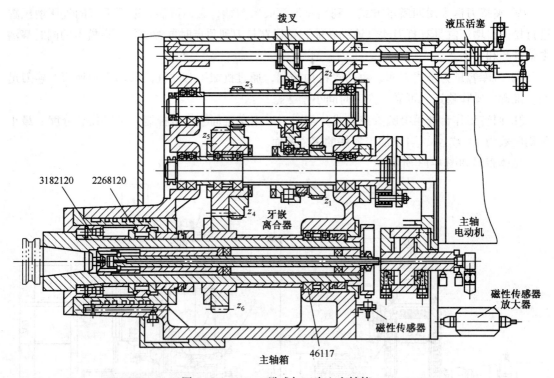

图 9-14 TH6350 卧式加工中心主轴箱

刀具的自动夹紧是靠碟形弹簧施加预紧力，通过拉杆及夹头拉住刀柄的尾部，使刀具锥柄和主轴锥孔紧密贴合，夹紧力为 11 956N。松刀时，液压缸活塞推动拉杆压缩碟形弹簧，夹头张开，使刀柄上的拉钉能自由进出，刀具即可交换，新刀具装入后，液压缸活塞后移，新刀被夹紧。主轴前支承采用特殊润滑脂润滑，油脂封在主轴轴承内，油脂量为轴承滚道空隙的 1/8，油脂过量将导致轴承温升加大。前支承产生的热量由轴承套外侧螺旋槽中的循环油带走，以减少主轴的温升。循环冷却润滑油由油温自动控制器冷却，保证主轴箱内的油温为室温 ±2℃。主轴准停机构采用电气准停装置。当刀具松开时，主轴孔内通入压缩空气。

（2）进给系统

该机床 x、y、z 轴三坐标进给驱动形式基本相同，现以 x 坐标进给驱动方式说明其传动过程。如图 9-15 所示，伺服电动机通过弹性联轴器 2 带动有关滚珠丝杠 3 旋转，从而使与工作台联结的螺母 4 移动，实现 x 轴进给。滚珠丝杠经过预紧，消除了螺母与丝杠的间隙。该 x、y、

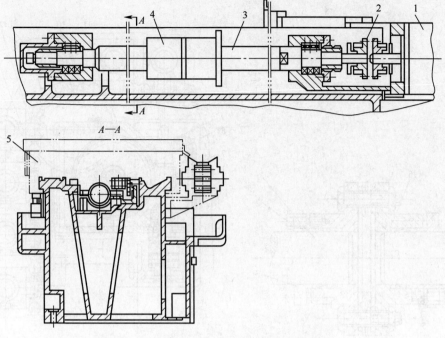

图 9-15　TH6350 卧式加工中心坐标进给系统
1—伺服电机　2—弹性连轴器　3—滚珠丝杠　4—螺母　5—工作台

z 三坐标伺服电动机功率相同，但 y 向电动机要承担主轴箱垂直移动后的自锁，所以采用断电后自制动控制。伺服电动机尾部都安装了脉冲编码器，用来测量电动机和丝杠的旋转角度，以间接显示坐标位置。通过数控系统的间隙补偿和螺距补偿，消除驱动系统中的间隙和滚珠丝杠的螺距误差。为了减少丝杠热变形对加工精度的影响，对丝杠进行预拉伸，丝杠的预拉紧取消了丝杠热伸长对定位精度的影响，还可提高进给系统的刚度。为了控制进给传动中的反向间隙，电动机轴与丝杠的联结采用了可以补偿轴向传动的弹性联轴器。这是一种无键、靠摩擦力传动扭矩的元件，如图 9-16 所示。其原理是：拧紧螺钉 2，端盖 3 压向锥形胀环 4，由于锥形胀环 4 径向挤压轴和孔，由此产生摩擦力来传递扭矩，同时可以补偿电动机轴和丝杠因制造和安装造成的不同轴、轴向窜动和角度误差。

　　分度转台分为初、精定位，初定位由电气系统的简易位置控制装置进行位置检测和自动加减速定位，精定位靠齿牙盘实现。分度转位时，液压缸将分度转台抬起，上下齿盘脱开，齿轮副啮合，行程开关发出抬起终止信号。分度伺服电动机带动蜗轮副、齿轮副转动，从而使工作台旋转，按 5° 位数分度。完成分度后，液压缸夹紧转台，齿轮副脱开，行程开关发出定位终止信号。

　　（3）自动换刀装置

　　链式刀库置于机床左侧，通过地脚螺钉及调整装置，使刀库在机床上的相对位置能保证准确地换刀。如图 9-17 所示，刀库链条 3 上有连接板 2 与刀套 1 相连，刀套供存放刀具。伺服电动机 5 经十字联轴器 6 带动蜗杆 7 旋转，蜗杆 7 带动蜗轮 8，再经齿轮 9、10 和链轮 11，带动链条运动，实现选刀动作。调整胀紧装置，可使链条胀紧。刀库回零时，刀套沿顺时针转动，当刀套压上回零开关时，刀套开始减速，超过回零开关后实现准确停车，此时零号刀套停在换刀位置上。

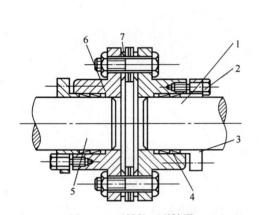

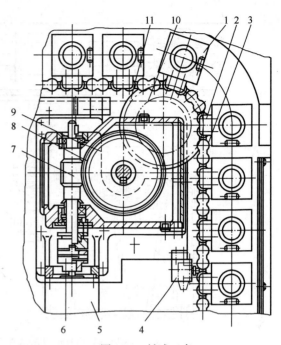

图 9-16　无键锥环联轴器

1—丝杠　2—螺钉　3—端盖　4—锥环

5—电动机轴　6—连轴器　7—弹簧片

图 9-17　链式刀库

1—刀套　2—连接板　3—链条　4—链条张紧装置

5—伺服电动机　6—联轴器　7—蜗杆　8—蜗轮

9、10—齿轮　11—链轮

刀库可正转和反转，找刀是按最近路程转动。选刀方式为计算机记忆式选刀（即任意选刀）。刀座号和刀库上的存刀位置（地址）对应地记忆在计算机存储器内或可编程控制器的磁泡存储器内，不论刀具放在哪个地址，都始终记忆它的踪迹。刀库上装有位置检测装置以检测每个地址，这样就可以任意取出、送回刀具。这种选刀方式不仅可以节省换刀时间，而且刀具本身不必设置编码元件，省去编码识别装置，使数控系统简化。刀库上设有机械原点（零位），每次选刀运动正转或反转不超过 180°，实现刀库回转小半径的逻辑判断，使数控刀选刀时以捷径达到换刀位置。

机械手在机床主轴与刀库之间自动完成刀具的交换。通过机械手将使用过的刀具从主轴上取下送回刀库，同时从刀库取出所需新刀具装入主轴中。其形式为回转式单臂双爪机械手。插刀、拔刀动作靠液压缸完成，手臂与缸筒安装在一起，由进入液压缸的压力油使手臂移动，实现不同的动作，液压缸行程末端可进行节流调节，以便动作缓冲。手臂回转动作是靠 4 位套筒液压缸与齿轮齿条机构来实现的，大、小行程不同的两个活塞分别使手臂做 90°、180° 回转。机械手做的回转是由回转液压缸完成，回转的缓冲可做节流调整。换刀过程如图 9-18 所示。

（4）机床液压、气压系统

液压系统的原理图如图 9-19 所示，在该机床上，液压系统完成主轴变速齿轮的移动、机械手换刀运动、主轴内刀具的放松与夹紧、刀库上刀具的自动和手动放松与夹紧、回转工作台的夹紧与放松及主轴箱的平衡等任务。液压系统由液压油箱、管路、控制阀等组成。控制阀采用

1. 原位(刀库方向)	2. (23)手逆转90°	3. (24)刀库松动	4. (25)由刀库拔刀	5. (26)刀库锁刀	6. (27)手正转90°	7. (28)手缩回	8. (29)转向主轴
9. (30)手逆转90°,抓旧刀	10. (31)主轴松刀	11. (32)主轴拔刀	12. (33)手逆转180°	13. (34)向主轴插刀	14. (35)主轴锁刀	15. (36)手正转90°(II—抓上,I—抓下)	16. (37)转向刀库
17. (38)机械手伸出	18. (39)手逆转90°	19. (40)刀库松刀	20. (41)向刀库插刀(还旧刀)	21. (42)刀库锁刀	22. 手正转90°	换刀动作程序图 ⊙—拔刀;⊗—插刀;V—手抓	

图 9-18　TH6350 换刀过程

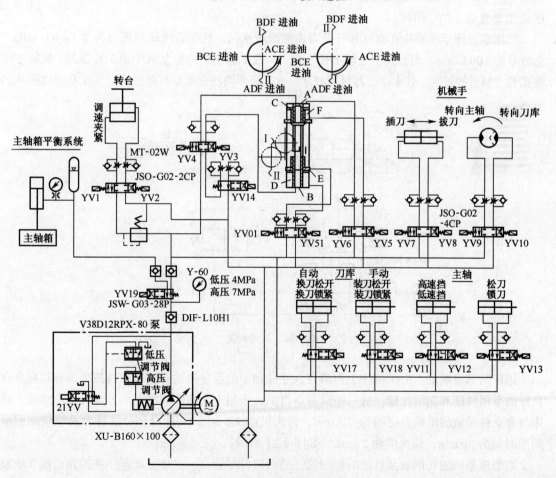

图 9-19　TH6350 液压系统

分散布局、就近安装原则，分别装在刀库和立柱上。电磁阀上贴有电磁铁号码。液压油泵用双级压力控制变量柱塞泵。液压系统的工作压力通过调节两个调节压力螺钉进行调整。低压调至 4 MPa，高压调至 7 MPa。低压用于控制转台的夹紧与松开、机械手的刀具交换动作、刀库的松刀与夹刀、主轴的松刀与夹刀、主轴的高低挡变速动作等。高压用于平衡主轴箱。在吸油口附近安装有粉末冶金烧结过滤器，每工作 3 个月应清洗一次，如发现严重堵塞，应更换新的滤芯。主轴箱液压平衡系统的原理是采用封闭油路，系统压力由蓄能器补油和吸油来维持。在机床操作面板上有一平衡系统补油旋钮开关，第一次开动机床时，先启动液压电动机，然后将旋钮旋至补油位置，这时其他油路系统停止工作，液压油处于高压状态，油路向平衡系统供油。此时调整油泵的压力，当主轴箱处于最高位置时，使之达到 7 MPa。观察立柱后面的压力表，当系统压力达到 7 MPa 时，应将旋钮开关旋至关闭位置。在以后的日常工作中，要经常观察立柱后面的压力表，当主轴箱处于最高位置，压力表低于 7 MPa 时即需进行补油，补油方法和开机时充油的方法是一样的。蓄能器的压力是由皮囊的气压产生的，当长期使用，气体渗透会造成气压不足，这将影响蓄能器的供油压力，因此当蓄能器气压不足时，应向蓄能器补气。蓄能器内充满高压氮气，充气压力达到 5 MPa。图 9-19 中 A、B、C、D、E、F 液压缸是系统中机械手的转动驱动液压缸的四位油缸。当上、下大液压缸活塞运动时，使机械手实现 90° 回转；当小液压缸活塞运动时，使机械手臂做 180° 回转。

气压系统用于主轴锥孔吹气和开关刀库侧面防水门。气压系统所用压力为 0.4～0.6 MPa，总流量为 100 L/min。当刀具由主轴上松开后，一股干燥清洁的空气从主轴中心通过，吹掉主轴锥孔和刀柄上的脏物。分水滤气器每周放水一次，每年清洗分水滤气器一次。气压系统如图 9-20 所示。

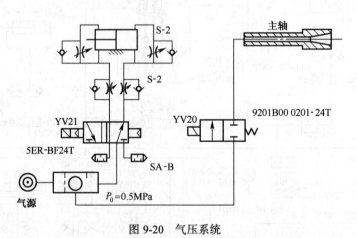

图 9-20　气压系统

机床的润滑系统。由于机床工作滑台、立柱和主轴箱导轨贴有塑料导轨板，该导轨板具有良好的摩擦性能和润滑性能，故只需微量润滑油。采用电动间隙润滑泵向各润滑部位供油。后床身和立柱导轨润滑间隙时间为 7.5 min，每次供油 2.5 mL，前床身和分度转台及蜗轮副润滑间隙时间为 30 min，每次供油 2.5mL，如图 9-21 所示。

切削液系统的切削液泵打出的切削液，经后床身导管套—立柱分油器—主轴箱前端 3 组喷嘴，将切削液喷向工件。如图 9-22 所示。

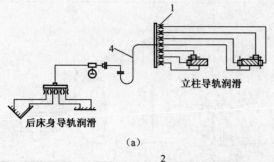

立柱导轨润滑

后床身导轨润滑

（a）

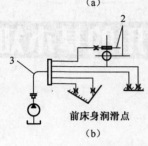

前床身润滑点

（b）

图 9-21　机床的润滑系统

1—节流器　2—分度转台蜗轮副　3、4—编织软管

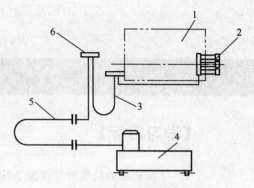

图 9-22　切削液系统

1—主轴箱　2—喷嘴　3—软管　4—切削液箱
5—编织软管　6—立柱分油器

 ## 小　结

　　加工中心机床按布局特点分为立式加工中心、卧式加工中心和多轴加工中心等。加工中心适宜加工形状复杂、工序较多、要求较高，需使用多种类型的通用机床、刀具和夹具，经多次装夹和调整才能完成加工的零件。

 ## 习　题

1. 加工中心与普通数控机床相比最显著的特点是什么？它应具有哪些功能？
2. 加工中心的分类方法有哪几种？
3. 简述 JCS018 型主轴部件的结构组成、功能及特点。
4. 简述 JCS018 型自动换刀装置的结构组成、功能及特点。
5. 简述 TH6350 卧式加工中心主要部件结构特点。

第10章

机床使用的基本知识

【学习目标】

1. 了解机床的精度对零件加工精度的影响
2. 了解普通车床精度检验项目，普通车床主轴及导轨误差对零件加工精度的影响
3. 能够对普通车床的主轴误差和导轨误差进行测量，并能正确处理测量数据
4. 了解机床维护保养的重要性和相关知识
5. 建立较强的安全文明生产的意识，对重要条款需牢牢记住

10.1

机床精度

10.1.1 概述

如前所述，为满足零件表面形状的要求，机床要具有一定的成形运动，同时机床还要具有一定的工作精度用以保证被加工零件的精度。例如，在卧式车床车外圆时，会产生圆度误差和圆柱度误差；车端面时，会产生平面度误差和平面相对于轴线的垂直度误差，这些误差的产生与车床主轴及导轨本身的制造精度、装配精度有直接关系。因此，对机床的精度做出规定并进行检验，使机床的工作精度保持在一定范围内，对保证零件的加工精度是十分必要的。

根据被加工零件的特点和精度要求，国家规定了各类机床的工作精度检验标准，标准中规定了精度检验项目，检验方法和允许误差等。

10.1.2 机床精度的检验

以卧式车床的精度检验为例，说明机床精度的检验方法和机床精度对零件加工精度的影

响。表 10-1 列出了卧式车床的精度检验标准。

表 10-1　　　　　　　　　　　　卧式车床的精度检验标准

序号	检 验 项 目	允差（mm）
1	床身 （a）纵向：导轨在垂直平面内的直线度 （b）横向：导轨应在同一平面内	（a）0.02（只允凸起）任意 250 长度上局部公差为 0.007 5 （b）0.04/1 000
2	溜板 溜板移动在水平面内的直线度	0.02
3	尾座移动对溜板移动平行度 （a）在垂直平面内 （b）在水平面内	（a）和（b）0.03，任意 500 长度上局部公差为：0.02
4	主轴 （a）主轴的轴向窜动 （b）主轴轴间支承面的端面圆跳动	（a）0.01 （b）0.02
5	主轴定心轴颈的径向圆跳动	0.01
6	主轴轴线的径向圆跳动 （a）靠近主轴端面 （b）距主轴端面（Da）/2 处或不超过 300	（a）0.01 （b）在 300 测量长度上为 0.02
7	主轴轴线对溜板移动的平行度 （a）在垂直平面内 （b）在水平面内	（a）0.02/300（只许向上偏） （b）0.015/300（只许向前偏）
8	顶尖的跳动	0.015
9	尾座 尾座套筒轴线对溜板移动的平行度 （a）在垂直平面内 （b）在水平面内	（a）0.015/100（只许向上偏） （b）0.01/100（只许向前偏）
10	尾座套筒锥孔轴线对溜板移动的平行度 （a）在垂直平面内 （b）在水平面内	（a）0.03/300（只许向上偏） （b）0.03/300（只许向前偏）
11	两顶尖 床头和尾座两顶尖的等高度	0.04（只许尾座高）
12	小刀架 小刀架移动对主轴轴线的平行度	0.04/300
13	横刀架 横刀架横向移动对主轴轴线的垂直度	0.02/300（偏差方向 $\alpha \geq 90°$）
14	丝杠 丝杠的轴向窜动	0.015
15	主轴到丝杠传动链的精度	（a）任意 300 测量长度上为 0.04 （b）任意 60 测量长度上为 0.015
16	精-车外圆 （a）圆度 （b）圆柱度	在 300 mm 长度上为 （a）0.01 （b）0.03（锥度只能大直径靠近床头端）
17	精车端面的平面度	300 直径上为 0.02（只许凹）
18	精车螺纹的螺距误差	（a）300 测量长度上为 0.04 （b）任意 50 测量长度上为 0.015

1. 床身导轨精度检验

床身导轨的精度检验包括导轨在垂直平面内的直线度和导轨应在同一平面内两个项目。

测量床身导轨在垂直平面内的直线度，把水平仪放在溜板上靠近前导轨处，如图 10-1 位置 I 所示，从主轴一端的极限位置开始，每间隔 250 mm 测量一次读数，把测量的读数按一定比例画在直角坐标系中，所得到的曲线就是导轨在垂直平面内的直线度曲线。然后根据图上的曲线计算出导轨在全长上的直线度误差和局部误差。

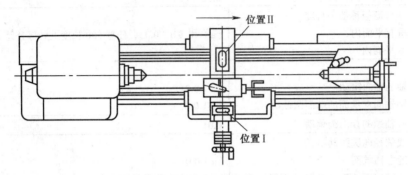

图 10-1　床身导轨在垂直平面内的直线度和在同一平面内的检验

例　车床上最大车削长度为 1 000 mm，溜板每移动 250 mm 测量一次，水平仪刻度值为 0.02/1 000。测量结果一次为+1.1、+1.5、0、−1.0、−1.1 格。根据这些读数绘出折线图如图 10-2 所示，由此求出导轨在全长上的直线度误差 $\delta_全$ 为：

$$\delta_全 = bb' \times (0.02/1000) \times 250$$
$$= (2.6-0.2) \times (0.02/1000) \times 250$$
$$= 0.012(\text{mm})$$

导轨直线度误差的局部 $\delta_局$ 为：

$$\delta_局 = (bb'-aa') \times (0.02/1000) \times 250$$
$$= (2.4-1.0) \times (0.02/1000) \times 250$$
$$= 0.007(\text{mm})$$

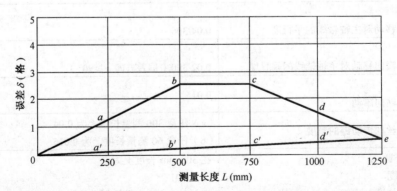

图 10-2　导轨在垂直平面内的直线度折线

测量床身导轨在同一平面内。把水平仪横向放在溜板上如图 10-1 位置 II 所示，纵向等距离移动溜板（与测量导轨在垂直平面内的直线度同时进行）。记录溜板在每一位置时的水平仪读数，水平仪在全部测量长度上的最大代数差值，即导轨在同一平面内的误差。

纵向车外圆时，床身导轨在垂直平面内的直线度误差会导致车刀刀尖高度位置的改变，从而导致工件产生圆柱度误差。两床身导轨不在同一平面内，会导致车刀刀尖径向改变，使工件产生圆度误差和圆柱度误差。

2. 主轴精度检验

测量主轴的轴向窜动，在主轴中心孔内插入一短检验棒，检验棒端部中心孔内置一钢球，千分表的平测头顶住钢球，如图 10-3 所示，对主轴施加一个轴向力，旋转主轴进行检验，千分表读数的最大差值就是主轴的轴向窜动误差。

主轴的轴向窜动引起工件端面的平面度、螺纹的螺距误差和工件的外圆表面粗糙度。

测量主轴轴线的径向圆跳动，在主轴锥孔内插入一检验棒，将千分表的测头顶住检验棒外圆柱表面上，旋转主轴分别在靠近主轴端部的 a 处和距离主轴端面 300 mm 的 b 处进行检验，如图 10-4 所示。千分表读数的最大差值就是径向圆跳动误差值。

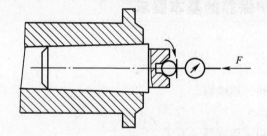

图 10-3　主轴的轴向窜动检验　　　　图 10-4　主轴轴线的径向圆跳动检验

用两顶尖车削外圆时，主轴轴线的径向圆跳动误差值会引起工件的圆度误差。

测量主轴轴线对溜板移动的平行度，在主轴锥孔内插入 300 mm 长的检验棒，两个千分表固定在刀架溜板上，测头分别顶在检验棒的上母线 a 和侧母线 b 处。如图 10-5 所示，移动溜板，千分表的最大读数差即为测量结果。

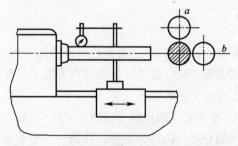

图 10-5　主轴轴线对溜板移动的平行度检验

车削工件时，主轴轴线对溜板在垂直面内的移动平行度误差，会引起工件的圆柱度误差，主轴轴线对溜板在水平面内的移动平行度误差，会使工件产生锥度。

3. 机床工作精度检验

机床工作精度检验的方法是，在规定的试件材料、尺寸和装夹方法以及刀具材料、切削规范等条件下，在机床上对试件进行加工，然后按精度标准检验有关精度项目。

10.2 机床维护保养

10.2.1　机床维护保养的意义

为了保持机床的良好运行状态，提高机床的工作效率，保持较长的机床使用寿命，应坚持机床的维护与保养，坚持定期检查，这样就可以把许多故障消除在萌芽状态，防止或减少恶性事故的发生。

10.2.2　机床维护保养的基本要求

1. 普通机床的维护保养

机床的维护保养一般分为日常维护、保养和计划维修。

（1）机床的日常维护

机床的日常维护主要是对机床的及时清洁和定期润滑。

机床的清洁是指在开机床前，清除机床上的灰尘。工作完毕，要清除切屑，把导轨上的切削液、切屑等清理干净，并在导轨上涂润滑油。

机床的润滑有分散润滑和集中润滑两种。分散润滑是在机床的各个润滑点分别用独立、分散的润滑装置进行。这种润滑方式一般是由操作者在机床开动之前进行定期的手动润滑，具体要求查阅机床使用说明书。集中润滑是由润滑系统来完成的，操作者只要按说明书的要求定期加油和换油就可以了。

（2）机床的保养

机床的保养分为例行保养（日保养）、一级保养（月保养）和二级保养（年保养）。

例行保养，由机床操作者每天独立完成。保养的内容除了日常维护外，还要在开机床前检查机床，周末对机床进行大清洗工作等。

一级保养，机床运转 1~2 个月（两班制），进行一次。以操作人员为主，维修人员配合，把机床的外露部件和易磨损部分进行拆卸、清洗、检查、调整和紧固等，如对传动部分的离合器、制动器、丝杠螺母间隙的调整以及对润滑、冷却系统的检修等。

二级保养，机床每运转一年，以维修人员为主，操作人员参加，进行一次包括修理内容的保养。除一级保养的内容外，二级保养还包括：修复、更换磨损零件，调整导轨间隙，刮研维修镶条，更换润滑油和冷却液，检修电气系统，检验和调整机床精度等。

（3）机床的计划维修

机床的计划维修分为小修、中修（项修）和大修。

① 小修。一般情况下，可以用二级保养代替。以维修人员为主，对机床进行检修、调整，

并更换个别严重磨损的零件，修磨导轨的划痕。

② 中修。中修前要对机床进行全面的预检，以确定中修项目，制定中修预检单，并准备好外购件。

中修时，除进行二级保养外，以维修人员为主对机床的局部有针对性地进行维修。修理时，拆卸、分解、清洗、检定所有零部件，修复或更换不能工作到下一维修期的零部件，修研导轨面和工作台台面；对机床外观进行修复、涂漆；对修复的机床按精度标准进行验收试验，个别难以达到标准的部分，留待大修时修复。

③ 大修。以维修人员为主进行。大修前，须对机床进行全面预检，必要时，对磨损件进行测绘，制定大修预检单，做好各种配件的预购或制作工作。维修时，拆卸整台机床，对所有零件进行检查；更换或修复不合格的零件；修刮全部刮研表面，恢复机床原有精度并达到出厂标准；对机床非重要部分都按出厂标准恢复。然后按机床验收标准检验。

2. 数控机床的维护保养

数控机床是将机、电、液集于一身的自动加工设备，为此，数控机床维护人员不仅要掌握机械加工的知识技能还要具有液压、气动、自动控制、测量技术等方面的知识，才能做好数控机床的维护工作。

不同类型的数控机床日常维护和保养的内容不完全相同，下面以使用最多的数控车床为例见表 10-2，说明数控机床维护保养的工作内容。

表 10-2　　　　　　　　　数控车床日常维护保养一览表

序号	检查周期	检查部位	检查要求
1	每天	轨道润滑油	检查油量并及时添加润滑油，润滑油泵是否按时启动或停止
2	每天	主轴润滑恒温箱	工作是否正常，油量是否充足，温度范围是否合适
3	每天	机床液压系统	油箱、泵有无异常噪声，工作油面高度是否合适，压力表指示是否正常，管路及各接头有无泄漏
4	每天	压缩空气源压力	气动控制系统压力是否在正常范围内
5	每天	x、z 轴导轨面	清除切屑和脏物，检查导轨面有无划伤损坏，润滑油是否充足
6	每天	各防护装置	机床防护罩是否齐全有效
7	每天	电气柜各散热通风装置	各电气柜中冷却风扇是否正常工作，风道过滤网有无堵塞，及时清洗过滤网
8	每周	各电气柜过滤网	清洗粘附的尘土
9	不定期	冷却液箱	随时检查液面高度，及时添加冷却液
10	不定期	排屑器	经常清洗切屑，检查有无卡住现象
11	半年	检查主轴驱动带	按说明书要求调整驱动带松紧程度
12	半年	各轴导轨上镶条，压紧滚轮	按说明书要求调整松紧程度
13	一年	检查和更换电刷	检查换向器表面，去除毛刺，吹净碳粉，磨损过多的炭刷应及时更换
14	一年	液压油路	清洗溢流阀、减压阀、滤油器、油箱，过滤液压油或更换
15	一年	主轴润滑恒温箱	清洗滤油器、油箱，更换润滑油
16	一年	冷却油泵过滤器	清洗冷却油池，更换过滤器
17	一年	滚珠丝杠	清洗丝杠上旧的润滑脂，涂上新油脂

10.3

安全文明生产

10.3.1 安全文明生产的意义

安全生产文明操作一直是生产管理的重要工作。安全生产关乎着人身健康和财产的安全，文明操作是保持机床工作精度和工作稳定性的保证。所以，每一个机床操作者除了具有熟练的操作技能之外，还要严格遵守安全文明生产的相关规定。

10.3.2 安全文明生产的基本要求

1. 安全生产

操作机床时，往往由于操作者忽视安全规则而造成不必要的人身事故和机床的损坏，为此，必须重视和遵守安全操作规程。操作不同的机床其安全操作规程是不同的，但是机加工岗位的操作规程有相同的部分。下面就以普通铣床的工作规范和安全操作规程为例加以说明。

（1）工作规范

① 衣帽穿戴。

a. 工作服要紧身，无拖出带子和衣角，袖口要扎紧或戴套袖。

b. 女工要戴工作帽，长发要剪短，将头发全部塞进帽子。

c. 不准戴手套工作，以免发生事故。

d. 高速切削要戴防护镜。

e. 切削铸铁工件时最好戴口罩。

f. 不宜戴首饰操作机床。

② 防止刀具划伤。

a. 装拆刀具用布垫衬，不要用手直接握住刀具。

b. 刀具未完全停止转动前不要用手去触摸、制动。

c. 使用扳手时用力应尽量避开铣刀，以免扳手打滑时造成伤害。

d. 切削过程中，不得用手触摸工件，以免被铣刀切伤手指。

e. 装拆工件或测量时必须在铣刀停转后进行，否则极易发生事故。

③ 防止切屑损伤皮肤和眼睛。

a. 清除切屑用毛刷，不要用手抓，用嘴吹。

b. 操作时不要站立在切屑飞出的方向，以免切屑飞入眼睛。

c. 若有切屑飞入眼睛，切勿用手揉擦，应及时请医生治疗。

④ 安全用电。

a. 了解和熟悉机床电器装置的部位和作用，懂得用电常识。

b. 不准随便搬弄不熟悉的电器装置。

c. 当机床电器损坏时应关闭总开关，请电工修理。

d. 不能用金属棒去拨动电闸开关。

e. 注意周围电线、电闸、机床接地是否牢靠，否则应及时请电工修复。

f. 发生触电事故，应立即切断电源，或用木棒等绝缘体将触电者撬离电源，需要时应做人工呼吸或送医院治疗。

（2）安全操作规程

① 开车前先将刀具与工件装夹稳固，铣刀必须用拉杆拉紧。如果中途需要紧固压板螺栓或刀具时，必须先停车后进行。

② 开车时必须注意工作物与铣刀不得接触，工作台来回松紧应均匀，否则禁止开车。

③ 机床运转时不准测量工件，不准离开机床。

④ 装卸零件和刀具时应先关闭电动机开关。

⑤ 开自动走刀时必须先检查行程限位器是否可靠。

⑥ 笨重工件装卸必须使用吊车，不得撞击机床；如多人抬装，必须注意彼此协作。

2. 文明生产

文明生产是机床操作人员科学工作的基本内容，反映了操作人员的技术水平和管理水平。文明生产包括以下几个方面。

（1）机床保养

应做到严格遵守操作规程，熟悉机床性能和使用范围，并懂得调整和维修常识，平时应做好一般保养和润滑，使用一段时间后，应定期对机床进行一级保养。

（2）场地环境

操作者应保持周围场地清洁、无油垢，踏板牢固清洁、高低适当，放置刀、量具和工件的架子要可靠，安放位置要便于操作，切削过程中，如需切削液，应加挡板以防止切削液外溢。批量生产时，应注意零件的摆放，有条件的应使用零件工位器具进行摆放。

（3）工、夹量具保养

操作者应有安放整齐的工具箱，工具齐备，并定期进行检查，夹具和机床的附件应有固定位置，安放整齐，取用方便，不用时要揩净上油，以防生锈。量具应有专人保管，定期检定，每天使用后应揩净放入盒内。

（4）工艺文件保管

操作人员使用的图纸、工艺过程卡片等工艺文件是生产的依据，使用时必须保持清洁、完好，用后应妥善保管。在生产过程中使用的产品数量流转卡和工时记录单等生产管理文件，也应认真记录，保证其正常流转。

3. 规范管理

生产企业实现现代化安全文明生产需要有效的管理。推广"5S"管理可以将影响生产环节的人、物和现场这3个基本条件的管理实现科学化、规范化、标准化。"5S"管理包括以下几个方面。

（1）1S —— 整理

生产过程中经常有一些残余物料、待修品、返修品、报废品等滞留在现场，既占据了地方又阻碍生产，包括一些已无法使用的工夹具、量具、机器设备，如果不及时清除，会使现场变得凌乱。整理就是将工作场所所有物料区分为有必要的与不必要的；把必要的东西与不必要的东西明确地、严格地区分开来；将不必要的东西处理掉。这样就能腾出空间，还可以防止误用。塑造宽敞、清爽的工作场所。

（2）2S —— 整顿

整顿是对整理之后留在现场的必要的物品分门别类、明确数量，有效标识放置，排列整齐。这样一方面可以消除找寻物品的时间，使工作有条不紊。还使工作场所一目了然。整顿工作中物品的放置场所原则上要100%设定；放置方法应遵循易取的原则；放置场所和物品原则上要一对一进行标识表示。整顿的结果要成为任何人都能立即取出所需的东西的状态。整顿的思路还要从新人或其他职场的人的角度来看，什么东西该放在什么地方更为明确。整顿要做定点、定容、定量等标准化、规范化设计。

（3）3S —— 清扫

清扫就是使工作场所进入没有垃圾，没有脏污的状态。虽然已经整理、整顿过，要的东西马上就能取得，但是还应使被取出的东西达到能随时被正常使用的状态。而达到这种状态就是清扫的第一目的，尤其是对高品质、高附加值产品的制造，更不允许有垃圾或灰尘的污染，以便造成品质不良。要建立清扫责任区（室内、外），建立清扫标准作为规范，要责任化、制度化。对设备的清扫包括对设备和工具的维护保养、消除赃污。良好的清扫效果能促进产品质量品质稳定，减少工业伤害。

（4）4S —— 清洁

清洁是在上面的3S实施的基础上做进一步制度化、规范化的全面要求，以达到维持上面3S成果的目的。比如不仅要使车间物品环境整齐，还应注意对空气、粉尘、噪声等污染的控制。车间的每一位工作者的仪表要整洁，要保持劳动热情和身体健康。

（5）5S —— 素养

素养是要养成良好的工作习惯，具备自律的工作态度。可以通过制订礼仪守则、对新员工强化5S教育和实践训练、组织各种激励活动等使职工的素养不断提高。使每一位员工加强遵守纪律，认真工作的意识。

实施"5S"管理，要求每一位员工在规范中进行自我管理，这不仅可以创造明亮、清洁的工作场所，还可以营造全体人员不断改进工作的氛围，可以严肃管理制度，细化和规范管理内容，保证企业管理良性发展。

小 结

本章主要讲了机床的工作精度对零件加工精度的影响、普通车床精度检验项目、普通车床主轴及导轨误差对零件加工精度的影响、如何对普通车床的主轴误差和导轨误差进行测量、测量数据的正确处理等。还着重介绍了机床维护保养的重要性和维护保养的有关知识，并重点强调了安全文明生产的意义及具有代表性的常用机床的安全操作规程及工作规范等。

习 题

1. 普通卧式车床床身导轨精度检验项目是什么？对加工精度有何影响？

2. 普通卧式车床主轴应满足哪些精度要求？为什么？

3. 在使用机床时，为什么要进行机床的维护与保养？维护和保养的主要内容是什么？

4. 安全文明生产的意义是什么？

附　录

附录 A　常用机床组、系代号及主参数

类	组	系	机床名称	主参数的折算系数	主参数	第二主参数
车床	1	1	单轴纵切自动车床	1	最大棒料直径	
	1	2	单轴横切自动车床	1	最大棒料直径	
	1	3	单轴转塔自动车床	1	最大棒料直径	
	2	1	多轴棒料自动车床	1	最大棒料直径	轴数
	2	2	多轴卡盘自动车床	1/10	卡盘直径	轴数
	2	6	立式多轴半自动车床	1/10	最大车削直径	轴数
	3	0	回轮车床	1	最大棒料直径	
	3	1	滑鞍转塔车床	1/10	最大车削直径	
	3	3	滑枕转塔车床	1/10	最大车削直径	
	4	1	万能曲轴车床	1/10	最大工件回转直径	最大工件长度
	4	6	万能凸轮轴车床	1/10	最大工件回转直径	最大工件长度
	5	1	单柱立式车床	1/100	最大车削直径	最大工件长度
	5	2	双柱立式车床	1/100	最大车削直径	最大工件长度
	6	0	落地车床	1/100	最大工件回转直径	最大工件长度
	6	1	卧式车床	1/10	床身上最大回转直径	最大工件长度
	6	2	马鞍车床	1/10	床身上最大回转直径	最大工件长度
	6	4	卡盘车床	1/10	床身上最大回转直径	最大工件长度
	6	5	球面车床	1/10	刀架上最大回转直径	最大工件长度
	7	1	仿形车床	1/10	刀架上最大回转直径	最大工件长度
	7	5	多刀车床	1/10	刀架上最大回转直径	最大工件长度
	7	6	卡盘多刀车床	1/10	刀架上最大回转直径	最大工件长度
	8	4	轧辊车床	1/10	最大工件直径	最大工件长度
	8	9	铲齿车床	1/10	最大工件直径	最大模数
	9	1	多用车床	1/10	床身上最大回转直径	最大工件长度

续表

类	组	系	机床名称	主参数的折算系数	主参数	第二主参数
钻床	1	3	立式坐标镗床	1/10	工作台面宽度	工作台面长度
	2	1	深孔钻床	1/10	最大钻孔直径	最大钻孔深度
	3	0	摇臂钻床	1	最大钻孔直径	最大跨距
	3	1	万向摇臂钻床	1	最大钻孔直径	最大跨距
	4	0	台式钻床	1	最大钻孔直径	
	5	0	圆柱立式钻床	1	最大钻孔直径	
	5	1	方柱立式钻床	1	最大钻孔直径	
	5	2	可调多轴立式钻床	1	最大钻孔直径	轴数
	8	1	中心孔钻床	1/10	最大工件直径	最大工件长度
	8	2	平端面中心孔钻床	1/10	最大工件直径	最大工件长度
镗床	4	1	单柱坐标镗床	1/10	工作台面宽度	工作台面长度
	4	2	双柱坐标镗床	1/10	工作台面宽度	工作台面长度
	4	5	卧式坐标镗床	1/10	工作台面宽度	工作台面长度
	6	1	卧式铣镗床	1/10	镗轴直径	
	6	2	落地镗床	1/10	镗轴直径	
	6	9	落地铣镗床	1/10	镗轴直径	铣轴直径
	7	0	单面卧式精镗床	1/10	工作台面宽度	工作台面长度
	7	1	双面卧式精镗床	1/10	工作台面宽度	工作台面长度
	7	2	立式精镗床	1/10	最大镗孔直径	
磨床	0	4	抛光机		—	
	0	6	刀具磨床		—	
	1	0	无心外圆磨床	1	最大磨削直径	
	1	3	外圆磨床	1/10	最大磨削直径	最大磨削长度
	1	4	万能外圆磨床	1/10	最大磨削直径	最大磨削长度
	1	5	宽砂轮外圆磨床	1/10	最大磨削直径	最大磨削长度
	1	6	端面外圆磨床		最大回转直径	最大工件长度
	2	1	内圆磨床	1/10	最大磨削孔径	最大磨削深度
	2	5	立式行星内圆磨床	1/10	最大磨削孔径	最大磨削深度
	2	9	坐标磨床	1/10	工作台面宽度	工作台面长度
	3	0	落地砂轮机	1/10	最大砂轮直径	
	5	0	落地导轨磨床	1/100	最大磨削宽度	最大磨削长度
	5	2	龙门导轨磨床	1/100	最大磨削宽度	最大磨削长度
	6	0	万能工具磨床	1/10	最大回转直径	最大工件长度
	6	3	钻头刃磨床	1	最大刃磨钻头直径	
	7	1	卧轴矩台平面磨床	1/10	工作台面宽度	工作台面长度

续表

类	组	系	机床名称	主参数的折算系数	主参数	第二主参数
磨床	7	3	卧轴圆台平面磨床	1/10	工作台面直径	
	7	4	立轴圆台平面磨床	1/10	工作台面直径	
	8	2	曲轴磨床	1/10	最大回转直径	最大工件长度
	8	3	凸轮轴磨床	1/10	最大回转直径	最大工件长度
	8	6	花键轴磨床	1/10	最大磨削直径	最大磨削长度
	9	0	工具曲线磨床	1/10	最大磨削长度	
齿轮加工机床	2	0	弧齿锥齿轮磨齿机	1/10	最大工件直径	最大模数
	2	2	弧齿锥齿轮铣齿机	1/10	最大工件直径	最大模数
	2	3	直齿锥齿轮刨齿机	1/10	最大工件直径	最大模数
	3	1	滚齿机	1/10	最大工件直径	最大模数
	3	6	卧式滚齿机	1/10	最大工件直径	最大模数或最大工件长度
	4	2	剃齿机	1/10	最大工件直径	最大模数
	4	6	珩齿机	1/10	最大工件直径	最大模数
	5	1	插齿机	1/10	最大工件直径	最大模数
	6	0	花键轴铣床	1/10	最大铣削直径	最大铣削长度
	7	0	碟形砂轮磨齿机	1/10	最大工件直径	最大模数
	7	1	锥形砂轮磨齿机	1/10	最大工件直径	最大模数
	7	2	蜗杆砂轮磨齿机	1/10	最大工件直径	最大模数
	8	0	车齿机	1/10	最大工件直径	最大模数
	9	3	齿轮倒角机	1/10	最大工件直径	最大模数
	9	9	齿轮噪声检查机	1/10	最大工件直径	
螺纹加工机床	3	0	套螺纹机	1/10	最大套螺纹直径	
	4	8	卧式攻螺纹机	1/10	最大攻螺纹直径	轴数
	6	0	丝杠铣床	1/10	最大铣削直径	最大铣削长度
	6	2	短螺纹铣床	1/10	最大铣削直径	最大铣削长度
	7	4	丝杠磨床	1/10	最大工件直径	最大工件长度
	7	5	万能螺纹磨床	1/10	最大工件直径	最大工件长度
	8	6	丝杠车床	1/10	最大工件直径	最大工件长度
	8	9	短螺纹车床	1/10	最大车削直径	最大车削长度
铣床	2	0	龙门铣床	1/100	工作台面宽度	工作台面长度
	3	0	圆台铣床	1/10	工作台面直径	
	4	3	平面仿形铣床	1/10	最大铣削宽度	最大铣削长度
	4	4	立体仿形铣床	1/10	最大铣削宽度	最大铣削长度
	5	0	立式升降台铣床	1/10	工作台面宽度	工作台面长度
	6	0	卧式升降台铣床	1/10	工作台面宽度	工作台面长度

类	组	系	机床名称	主参数的折算系数	主参数	第二主参数
铣床	6	1	万能升降台铣床	1/10	工作台面宽度	工作台面长度
	7	1	床身铣床	1/100	工作台面宽度	工作台面长度
	8	1	万能工具铣床	1/10	工作台面宽度	工作台面长度
	9	2	键槽铣床	1	最大键槽宽度	
刨插床	1	0	悬臂刨床	1/100	最大刨削宽度	最大刨削长度
	2	0	龙门刨床	1/100	最大刨削宽度	最大刨削长度
	2	2	龙门铣磨刨床	1/100	最大刨削宽度	最大刨削长度
	5	0	插床	1/10	最大插削长度	
	6	0	牛头刨床	1/10	最大刨削长度	
	8	8	模具刨床	1/10	最大刨削长度	最大刨削长度
拉床	3	1	卧式外拉床	1/10	额定拉力	最大行程
	4	3	连续拉床	1/10	额定拉力	
	5	1	立式内拉床	1/10	额定拉力	最大行程
	6	1	卧式内拉床	1/10	额定拉力	最大行程
	7	1	立式外拉床	1/10	额定拉力	最大行程
	9	1	气缸体平面拉床	1/10	额定拉力	最大行程
特种加工机床	1	1	超声波穿孔机	1/10	最大功率	
	2	5	电解车刀刃磨床	1	最大车刀宽度	最大车刀厚度
	7	1	电火花成形机	1/10	工作台面宽度	工作台面长度
	7	7	电火花线切割机	1/10	工作台横向行程	工作台纵向行程
锯床	5	1	立式带锯床	1/10	最大工件高度	
	6	0	卧式圆锯床	1/100	最大圆锯片直径	
	7	1	卧式弓锯床	1/10	最大锯削直径	
其他机床	1	6	管接头车螺纹机	1/10	最大加工直径	
	2	1	木螺钉螺纹加工机	1	最大工件直径	最大工件长度
	4	0	圆刻线机	1/100	最大加工直径	
	4	1	长刻线机	1/100	最大加工长度	

附录

附录 B　各章教学建议

一、第 1 章教学建议

1. 用多媒体配合教学演示金属切削机床的运动。

2. 学习完 1.2.1 金属切削机床的运动相关内容后，学生应带任务单到机械加工车间实习。任务单应根据具体情况设计，但一般应包括：机床种类及型号，机床运动及简图，各种机床正在加工的零件及加工面、切削用量等。

二、第 2 章教学建议

1. 用多媒体、现场教学或仿真加工教学等手段，学习车削方法，认识车床结构。

2. 可根据专业培养目标的重点不同和课时的安排，选学车削螺纹及车床典型结构的相关内容。

三、第 3 章教学建议

1. 用现场教学或仿真加工等手段，以项目任务等形式引入铣削加工概念。

2. 适当增加现场教学及观察实验内容。

四、第 4 章教学建议

1. 组织学生进行钻、扩、铰孔的实际操作，让学生归纳出其加工特点及注意事项。

2. 组织学生到生产现场观察卧式镗床的工作，并分析总结卧式镗床的运动。

五、第 5 章教学建议

建议教师介绍完加工方法以后，以学校现有的机床为主要学习对象。

六、第 6 章教学建议

由于齿轮齿形的特点，齿轮机床的加工运动比其他机床复杂了很多，尤其是运动的配合。所以在学习这章时，建议除了一定到生产现场观摩外，还要用机床模型辅助教学。

七、第 7 章教学建议

1. 用多媒体动画或视频配合教学演示数控车床的运动，有条件一定要到生产现场观察数控车床的加工。

2. 在指导学生学习数控车床的主要结构时，有条件一定要进行现场教学，如若没有 CK7815 型数控车床，其他型号的数控车床也要看，用以增强学生的感性认识。

八、第 8 章教学建议

1. 适当增加参观和录像环节，运用现场教学或仿真加工等手段以增加感性认识。

2. 对复杂结构图增加自主学习及讨论环节，锻炼识图能力。

九、第 9 章教学建议

可以通过让学生对 JCS—018A 立式加工中心主轴内部的自动夹紧机构、主轴准停装置、自动换刀装置、回转式单臂双手机械手等部件的工作原理进行组织框图式总结，以锻炼对复杂结构的规律性知识的总结能力。

十、第 10 章教学建议

1. 需在生产现场或专用教室进行机床的精度检验的讲授，并让学生动手对机床的精度进行检验，以加深印象，掌握机床精度的检验方法。

2. 机床的维护保养和安全文明生产可以做成情景教学，这样才可能不枯燥又可以收到较好的教学效果。

参考文献

[1] 吴圣庄. 金属切削机床. 北京：机械工业出版社，1980.

[2] 吴国华. 金属切削机床. 北京：机械工业出版社，1995.

[3] 贾亚洲. 金属切削机床概论. 北京：机械工业出版社，1996.

[4] 顾京. 现代机床设备. 北京：化学工业出版社，2001.

[5] 王贵明. 数控实用技术. 北京：机械工业出版社，2000.

[6] 熊光华. 数控机床. 北京：机械工业出版社，2001.

[7] 周兰，常晓俊. 现代数控加工设备. 北京：机械工业出版社，2005.

[8] 王爱玲. 数控机床结构及应用. 北京：机械工业出版社，2006.